Amazon Fire TV 完全大事典

ファイア ティーヴィー

Fire TV
[4K・HDR対応]
Fire TV Stick
[フルHD対応]

Complete Guide Book of Amazon Fire TV

リンクアップ 著

技術評論社

CONTENTS

第1章 Amazon Fire TVをはじめよう

本書の読み方

- 本書における操作は、特に断りのない場合、音声認識リモコン（P.20参照）を使用しています。
- 文中における◉は、音声認識リモコンの「選択」ボタンを示しています。「ナビゲーション」ボタンを除くそのほかのボタン（P.20参照）も、リモコンボタンのアイコンで示しています。

第2章 Amazonビデオで映画や番組を楽しもう

第3章 無料アプリやゲームを使い倒そう

第4章 有料動画配信サービスを利用しよう

第5章 Amazon Fire TVで音楽を楽しもう

第8章 Amazon Fire TVのQ&A

ご注意：ご購入・ご利用の前に必ずお読みください

●本書に記載した内容は、情報の提供のみを目的としています。したがって、本書を用いた運用は、必ずお客様自身の責任と判断によって行ってください。これらの情報の運用の結果について、技術評論社はいかなる責任も負いません。

●サービスやソフトウェアに関する記述は、特に断りのないかぎり、2018年8月現在での最新バージョンを元にしています。サービスやソフトウェアはバージョンアップされる場合があり、本書での説明とは機能内容や画面図などが異なってしまうこともあり得ます。あらかじめご了承ください。

●本書は以下の環境での動作を検証し、画面図を撮影しています。
Amazon Fire TV［4K・HDR対応モデル］（第3世代）
Amazon Fire TV Stick［フルHD対応モデル］（第2世代）
パソコンのOS：Windows 10
Webブラウザ：Google Chrome 68
Android端末：Android 8.0（Xperia XZ1 Compact SO-02K）
iPhone 8（iOS 11.3）

●インターネットの情報については、URLや画面等が変更されている可能性があります。ご注意ください。

以上の注意事項をご承諾いただいた上で、本書をご利用願います。これらの注意事項をお読みいただかずに、お問い合わせいただいても、技術評論社は対処いたしかねます。あらかじめ、ご承知おきください。

◆第 1 章◆

Amazon Fire TVをはじめよう

Amazon Fire TVとは

Amazon Fire TVは、Amazonから販売されているセットトップボックスです。テレビをインターネットに接続することで、テレビ画面でインターネット上の映画やドラマを観たり、Webブラウジングをしたりすることができます。

1 Amazon Fire TVはこんなデバイス

Amazonから販売されているAmazon Fire TVは、インターネット上のコンテンツをテレビで楽しめるようにする外付け型デバイスです。HDMI端子対応のテレビとWi-Fiさえあれば、Amazonビデオで購入・レンタルした映画やドラマなどを観賞したり、有料動画配信サービスを利用したりすることができます。

求めやすい価格と使いやすさ、またAmazonプライム会員サービスとの相性のよさから、Amazonユーザーを中心に高い評価を得ています。2018年8月時点では、「Amazon Fire TV」(以降「Fire TV」)、「Amazon Fire TV Stick」(以降「Fire TV Stick」)の2機種が発売されています(Sec.04参照)。Amazonや、一部の家電量販店で購入することができます。

Memo セットトップボックスとは

従来のセットトップボックスは、さまざまな放送を一般のテレビで視聴可能な信号に変換するための箱型の装置です。近年では、テレビをインターネット上のビデオコンテンツへ接続できるようにする機器を指すこともあります。また、機器の小型化が進み、Amazon Fire TVのように箱型でないタイプも増えています。似たような性能を持つものとして、テレビ自体がインターネットに接続できるスマートテレビがあります。

Amazon Fire TVのしくみ

Amazon Fire TVは、Wi-Fiを用いてデータを受信するため、Fire TV／Fire TV Stick本体をテレビに接続し、かんたんな設定をするだけで利用できます。一般のテレビのように、設置に手間がかかりません。

通常のテレビのしくみ

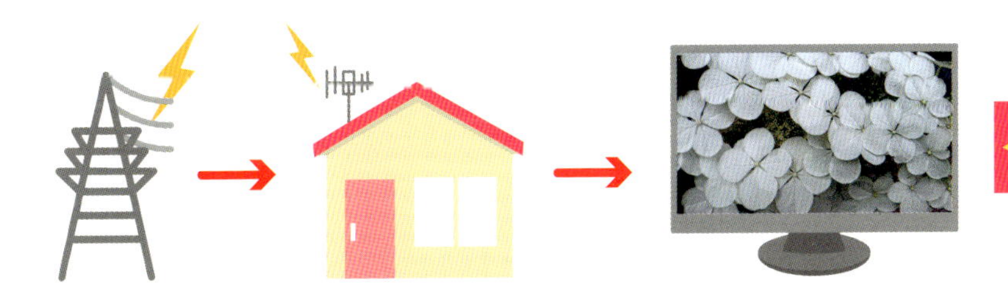

一般のテレビは、地上デジタルテレビ放送や衛星放送などのデータをアンテナが受信し、画面に映しています。テレビを観るためには、アンテナを設置したりテレビをテレビ線に接続したりする必要があります。

Amazon Fire TVのしくみ

Amazon Fire TVは、Wi-Fiを通してインターネット上のデータを受信し、テレビ画面に映し出すしくみになっています。Amazon Fire TV本体をテレビに接続し、Wi-FiやAmazonアカウントの設定などをするだけで豊富なコンテンツを利用することができます。

Fire TVでできること

Amazon Fire TVは、Amazonの提供するコンテンツを購入して楽しんだり、動画配信サービスを使ったりすることができます。ここでは、Amazon Fire TVでできることの概要を解説します。

1 Amazon Fire TVで楽しめること

Amazonビデオを楽しむ(第2章参照)

Amazonビデオで動画を購入・レンタルし、さまざまな映画や番組を楽しむことができます。また、Amazonプライム会員に登録していると、特典として無料作品を観ることができる「プライムビデオ」を利用できます。

アプリやゲームを楽しむ(第3章参照)

Amazon Fire TV対応アプリをインストールして、アプリやゲームを楽しむことができます。YouTubeやニコニコ動画などのアプリを利用すれば、無料配信動画を観ることができます。

有料動画配信サービスを利用できる（第 4 章参照）

DAZN や Hulu などのアプリをインストールすれば、有料動画配信サービスを利用することができます。

音楽を楽しむ（第 5 章参照）

Amazon ミュージックやそのほかの音楽配信サービスを利用して、音楽を楽しむことができます。プライム会員なら、プライムミュージックで音楽聴き放題サービスを利用できます。iTunes に保存した音楽をテレビで聴くことも可能です。

写真や動画を楽しむ（第 6 章参照）

パソコンやスマートフォンからプライムフォトに保存した写真や動画を、テレビの画面で閲覧できます。写真や動画の保存は、Web ブラウザから行います。

Section
03

Fire TVを使える環境を確認しよう

Amazon Fire TVを使用するために必要な機器や環境、Amazon Fire TVのパッケージ内容を紹介します。パッケージの内容物のほか、HDMI対応テレビ、Wi-Fi、コンセント2箇所、Amazonアカウントが必要です。

1 必要な機器や環境

HDMI 端子対応テレビ

Fire TV、Fire TV Stick ともに、HDMI 端子を使用して接続します。また、Fire TV で 4K コンテンツを楽しむ場合は、Ultra HD 対応テレビが必要です。

Wi-Fi

パスワードで保護された Wi-Fi ネットワークを利用する場合は、Wi-Fi パスワードを事前に用意しておきましょう。接続をより良好に維持するため、可能であればワイヤレスルーターの 5GHz 帯域を使用します。

コンセント 2 箇所

テレビと、Amazon Fire TV の電源として、コンセントが 2 つ必要です。

Amazon アカウント

Amazon Fire TV を利用するには、Amazon アカウントが必須です。また、Amazon プライム会員に有料登録していると、コンテンツをお得に利用できます。Amazon Fire TV の初期設定時に作成することができます（Sec.09 参照）。

Ultra HDとは

Ultra HD（Ultra High Definition）とは、HD（High Definition／高精細）よりも解像度の高い、4Kや8Kなどの超高精細映像技術のことです。4K／8K Ultra HDと表記されることもあり、表現できる色や明るさの範囲が広く、より自然でなめらかな映像表現ができる技術です。次世代の映像規格として、一部の放送サービスやインターネットサービスにおいて4K／8K放送の提供がはじめられています。

2 Amazon Fire TVの内容

Fire TV と Fire TV Stick のパッケージ内容を紹介します。それぞれに付属する単４電池は、音声認識リモコンに使用します。また、Fire TV Stick には、HDMI 延長ケーブルが付属します。

Fire TV

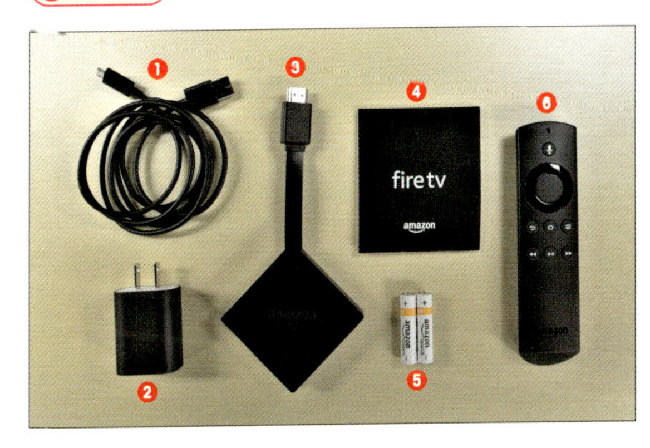

❶USB電源ケーブル
❷電源アダプタ
❸Fire TV
❹取扱説明書
❺単4電池2本
❻音声認識リモコン

Fire TV Stick

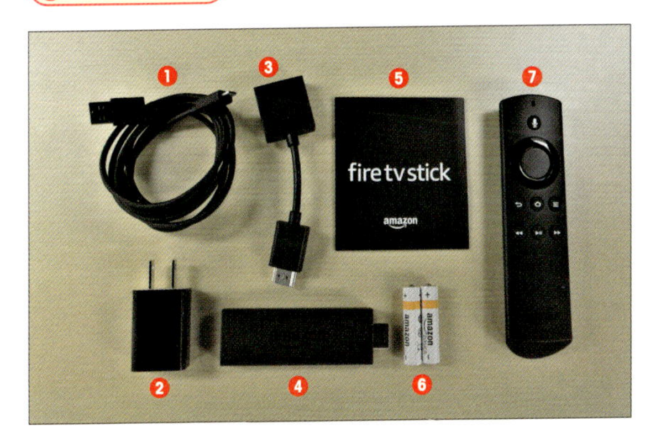

❶USB電源ケーブル
❷電源アダプタ
❸HDMI延長ケーブル
❹Fire TV Stick
❺取扱説明書
❻単4電池2本
❼音声認識リモコン

HDMI延長ケーブル

テレビの背面にFire TV Stickを接続できるスペースがない場合、付属のHDMI延長ケーブルを使用しましょう。また、HDMI延長ケーブルを利用すると、Wi-Fi接続における問題が解決することがあります。

Fire TVの種類について知ろう

Amazon Fire TVは2種類あり、解像度やミラーリング機能の有無など、スペックに違いがあります。ここでは、各端末の種類と特徴を解説します。端末を選ぶ際の参考にしてください。

1 Amazon Fire TVの種類

Fire TV

4K Ultra HD、HDR-10 対応モデルです。きめ細かくなめらかな映像を、より臨場感ある音響とともに楽しむことができます。プロセッサは 1.5GHz のクアッドコアを搭載しており、スムーズに操作することができます。また、アプリやゲームをたくさん利用したいという人にもおすすめです。

Fire TV Stick

エントリーモデルです。Fire TV とほぼ同じ機能を利用できます。画質やプロセッサ、メモリ、オーディオ、通信環境におけるスペックにこだわらなければ、十分にコンテンツを楽しむことができます。ミラーリングに対応しているため、スマートフォンの画面をテレビ画面に映すことも可能です。機体がコンパクト、かつ軽量であるため、携帯性に優れています。

Fire TV／Fire TV Stickのスペック比較

端末名	Fire TV	Fire TV Stick
価格	8,980円（税込）	4,980円（税込）
解像度	最大60fps・4K Ultra HD	最大60fps・1080p
HDR-10対応	あり	なし
プロセッサ	クアッドコア1.5GHz	クアッドコア1.3GHz
GPU	Mali450 MP3	Mali450 MP4
メモリ	2GB	1GB
ストレージ	8GB	8GB
音声認識リモコン	あり	あり
音声認識付きリモコンアプリ	あり	あり
オーディオ	Dolby Atmos（P.181参照）	Dolby Audio
Wi-Fi	デュアルバンド、デュアルアンテナ802.11ac（MIMO）	デュアルバンド、デュアルアンテナ802.11ac（MIMO）
イーサネットアダプタ対応	あり	あり
Bluetooth	Bluetooth 4.2 + LE	Bluetooth 4.1
ミラーリング	なし	あり（端末によっては別途対応するアプリが必要）
保証期間（延長保証プランあり）	1年間	90日間

音声認識リモコンはBluetooth接続

テレビに付属するリモコンは赤外線でテレビ本体を操作しますが、音声認識リモコンはBluetoothでAmazon Fire TVに接続しています。音声認識リモコンをAmazon Fire TVにペアリングする方法については、P.21を参照してください。

Fire TVを テレビに接続しよう

Amazon Fire TVは、パーツをつなげてHDMI端子に差し込むだけで、だれでもかんたんにテレビへ接続することができます。端子の形がすべて違うので、迷う心配はありません。

1 Fire TVをテレビに接続する

❶ USB電源ケーブルのUSB端子側を、電源アダプタに接続します。

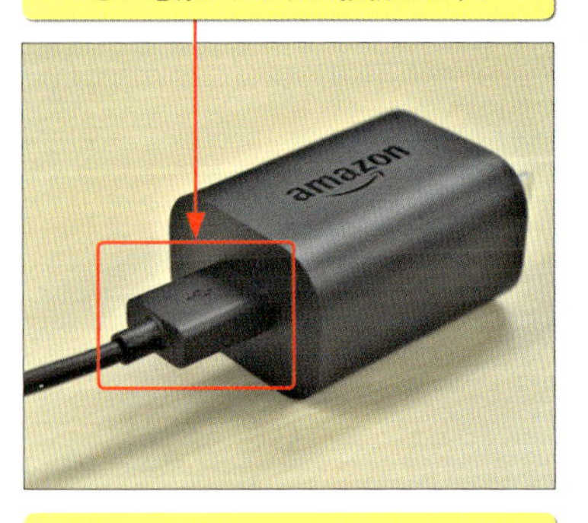

❷ 電源アダプタをコンセントに差し込みます。

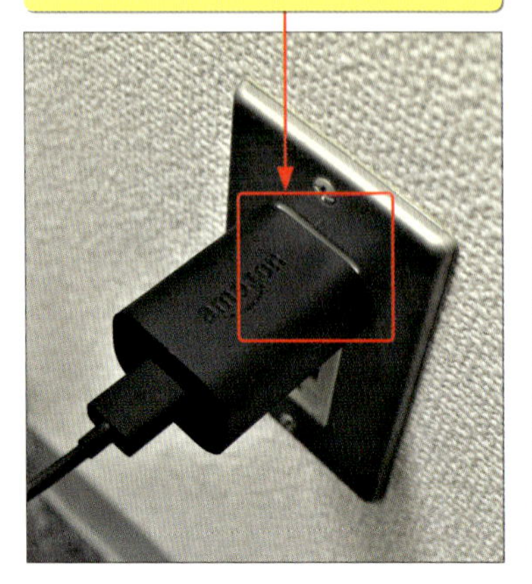

❸ Fire TV本体に、USB電源ケーブルのMicro USB端子側を接続します。

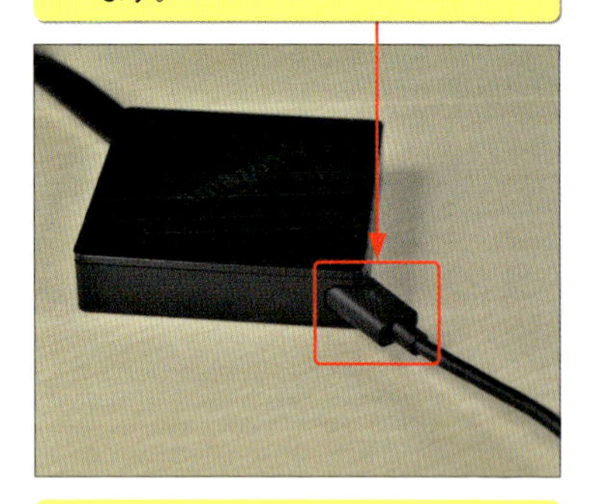

❹ Fire TV本体のHDMI端子をテレビに接続します。

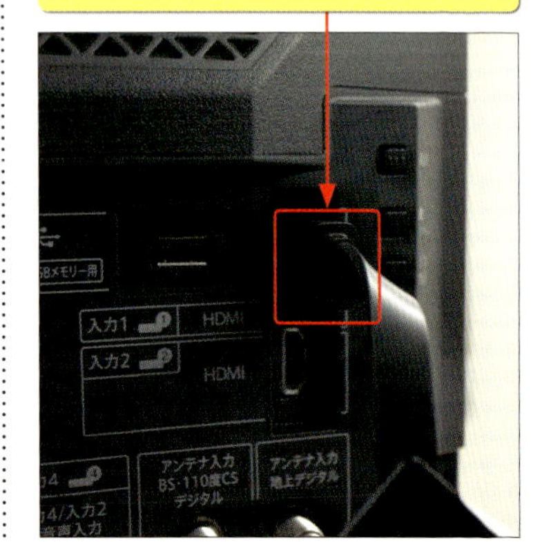

2 Fire TV Stickをテレビに接続する

❶ USB電源ケーブルのUSB端子側を、電源アダプタに接続します。

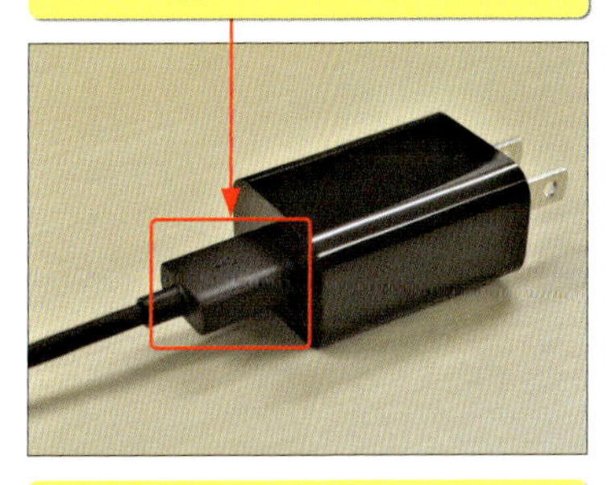

❷ 電源アダプタをコンセントに差し込みます。

❸ Fire TV Stick本体に、USB電源ケーブルのMicro USB端子側を接続し、

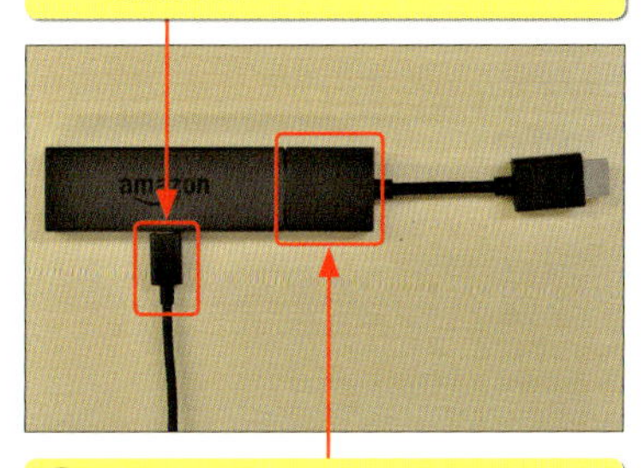

❹ HDMI延長ケーブルを接続します。

❺ HDMI延長ケーブルをテレビに接続します。

入力切換をする

テレビでAmazon Fire TVの画面を表示するには、入力切換を行います。テレビの電源をオンにし、テレビリモコンの<入力切換>を押して、画面を切り換えます。なお、ボタンの名称や操作方法は、テレビの機種によって異なります。右図の場合、<FireTV>を選択すると、Fire TVの画面を表示することができます。

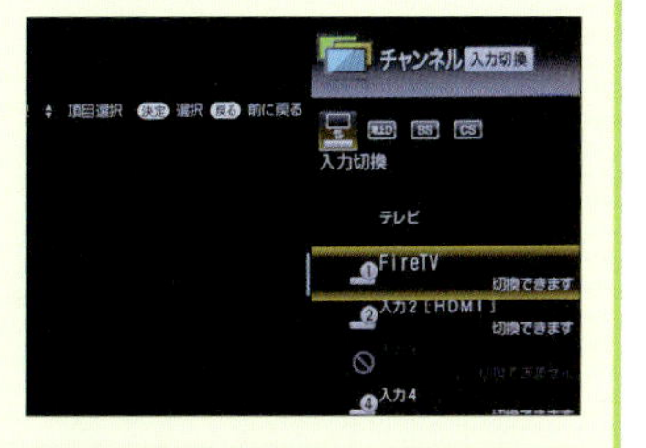

Section 06

リモコンをペアリングしよう

ここからは、Amazon Fire TVを起動し、初期設定を行います。まずは、音声認識リモコンを準備しましょう。ここでは、音声認識リモコンの各部名称と、ペアリング方法を説明します。

1 リモコンの各部名称

名称	機能の概要
❶マイク	音声を聞き取ります
❷音声認識ボタン	音声入力をします
❸ナビゲーション	操作対象を選びます
❹選択	対象を決定します
❺戻る	前の画面に戻ります
❻ホーム	ホーム画面を表示します
❼メニュー	映像再生中にオプションを表示します
❽早戻し	映像を早戻しします
❾再生／一時停止	映像を再生／一時停止します
❿早送り	映像を早送りします

映像再生時以外の操作

映像再生時以外の操作など、リモコンによる操作の詳細はP.22～23を参照してください。P.25手順❺の図のように、画面に指示が出ている場合は、ショートカットボタンとして使用できることがあります。

2 ペアリングする

Amazon Fire TVを起動し、音声認識リモコンのペアリングを行います。Amazon Fire TVは、テレビの電源と連動して起動するようになっています。なお、ペアリングは自動的に行われることもあります。

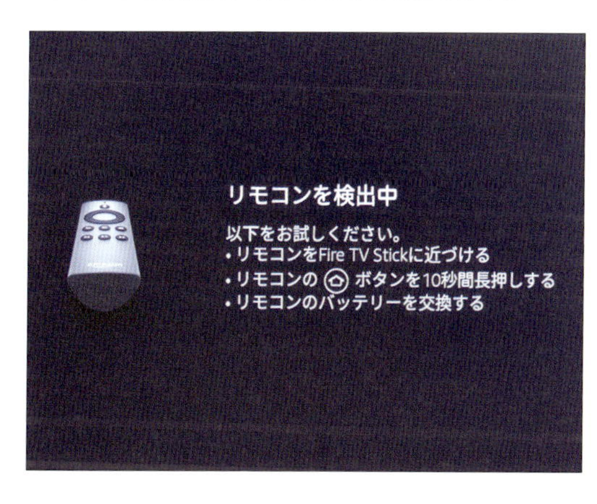

❶ テレビの電源を入れ、画面をHDMI入力へ切り換えます。

❷ Amazon Fire TVが起動すると、左のような画面が表示されます。

❸ ボタンを10秒間、長押しします。

3 リモコンがうまく動かないときは

ペアリングがうまくいかなかったり、正常に動作しない場合は、以下を試してください。

- 音声認識リモコンをAmazon Fire TVに近づける。
- Amazon Fire TVとの間に障害物がないか確認する。
- 音声認識リモコンの電池を交換する。
- 音声認識リモコンの電池を入れ直す。
- 音声認識リモコンが別のAmazon Fire TV端末に登録されていないか確認する（音声認識リモコンは複数の端末にペアリングすることができません）。
- Amazon Fire TVを再起動する（Sec.77参照）。
- スマートフォンアプリ「Amazon Fire TVリモコンアプリ」（iPhoneの場合は「Amazon Fire TV Remote」）で操作を行う（Sec.11参照）。
- テレビリモコンで操作を行う（Sec.75参照）。

すでに初期設定を終えており、アプリやテレビリモコンで操作することができる場合は、<設定>→<コントローラーとBluetooth端末>→<Amazon Fire TVリモコン>の順に選ぶと、音声認識リモコンのペアリング状態や電池の状態を確認できます。問題が解決しない場合は、Amazonカスタマーサービスへ問い合わせを行います。なお、音声認識リモコンは単体での購入も可能です。

Section 07

リモコンの基本操作を覚えよう

音声認識リモコンはボタンが少なくシンプルで、かんたんに操作できます。ここでは、音声認識リモコンの基本操作と、動画再生中の操作を説明します。音声認識リモコンの各部名称については、P.20を参照してください。

1 基本の操作

ナビゲーション

上下左右を押して、操作対象を選びます。

選択

ナビゲーションの内側を押して、対象を選択（決定）します。

戻る

前の画面へ戻ります。動画再生中に押すと、動画のタイトル画面（詳細画面）へ戻ります。

メニュー

購入した動画を選んで押すと、続きから観たりウォッチリストに追加したりすることができます。

2 再生中の操作

再生／一時停止

動画が停止した状態で押すと、動画を再生します。動画を再生している状態で押すと、動画を一時停止します。

メニュー

動画再生中にオプションを表示します。字幕と音声の設定をしたり、動画を最初から観たりすることができます。

早戻し

動画を 10 秒前に戻します。長押しすると早戻しすることができ、そのあとに再度ボタンを押すと、早戻しの速度を 3 段階から選べます。

早送り

動画を 10 秒先に飛ばします。長押しすると早送りすることができ、そのあとに再度ボタンを押すと、早送りの速度を 3 段階から選べます。

音声認識リモコンでできないこと

音声認識リモコンは、シンプルで使いやすい反面、普通のリモコンよりも機能が限られています。たとえば、音声認識リモコンは入力切換やテレビの音量操作をすることができません。必要に応じて、テレビのリモコンを併用してください。

インターネットに接続しよう

リモコンのペアリングが終わったら、次は言語を選択し、インターネットに接続します。保護されているネットワークに接続する場合、パスワードを手元に用意しておきましょう。

1 言語を選択する

❶ P.21 手順❶～❸を参考に、音声認識リモコンをペアリングしたあと、

❷ ⏯ボタンを押します。

❸「言語を選択」画面が表示されます。

❹ <ナビゲーション>を操作して<日本語>を選び、◉を押します。

2 ネットワークに接続する

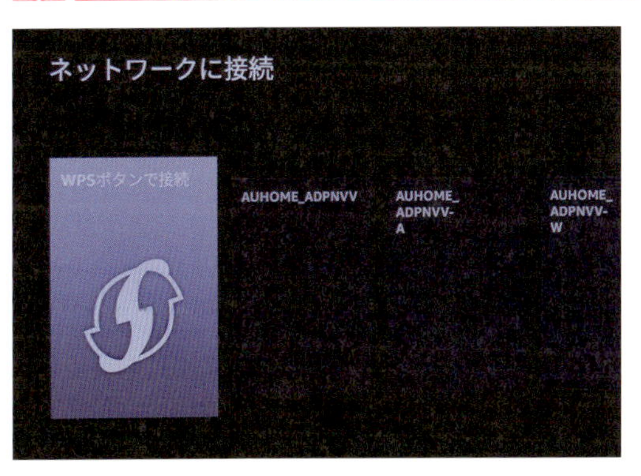

❶「ネットワークに接続」画面が表示され、Wi-Fiネットワークがリストで表示されます。

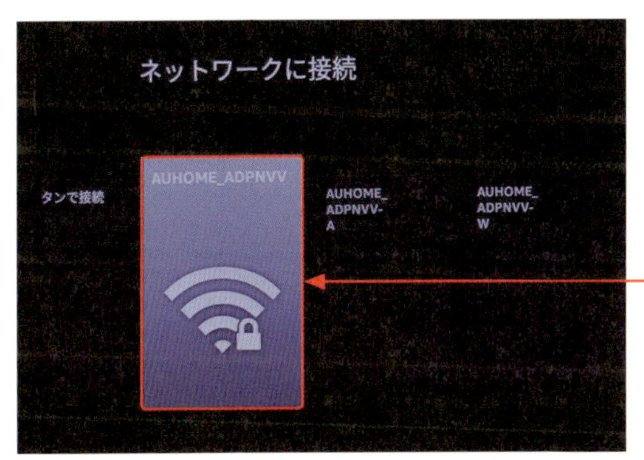

❷接続したいネットワークを選び、◎を押します。

❸保護されているネットワークに接続する場合、パスワードの入力を求められます。

❹パスワードを入力し、

❺⏯ボタンを押します。または、<接続>を選んで◎を押します。

Section 09

Fire TVをAmazonアカウントに登録しよう

ここでは、Amazon Fire TVでAmazonアカウントを新規作成・登録する方法を説明します。なお、Amazon Fire TVをAmazonで購入した場合は、購入に使用したアカウントが初期状態で設定されています。

1 Amazonアカウントを新規作成する

❶ Sec.08を参考に、インターネットに接続したあと、

❷ 「登録」画面が表示されるので、Amazonアカウントの登録／作成を行います。

❸ ここでは、<アカウントを作成>を選んで◎を押します。

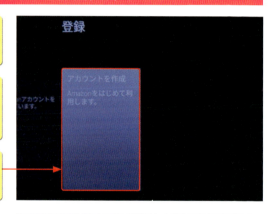

❹ ◎を押します。

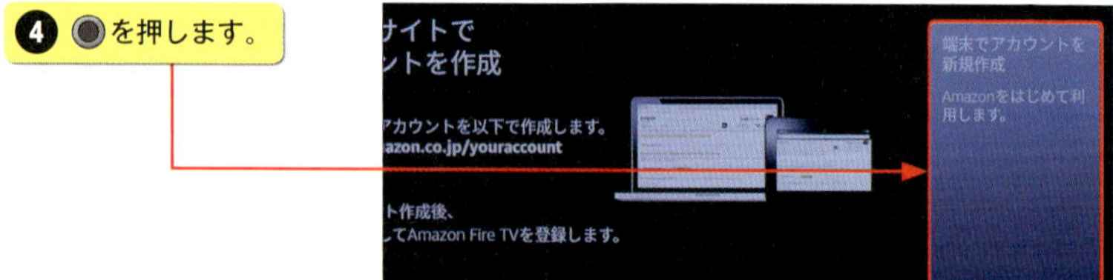

❺ 「国または地域を選択」画面が表示されます。

❻ <日本>を選んで⏯ボタンを押します。

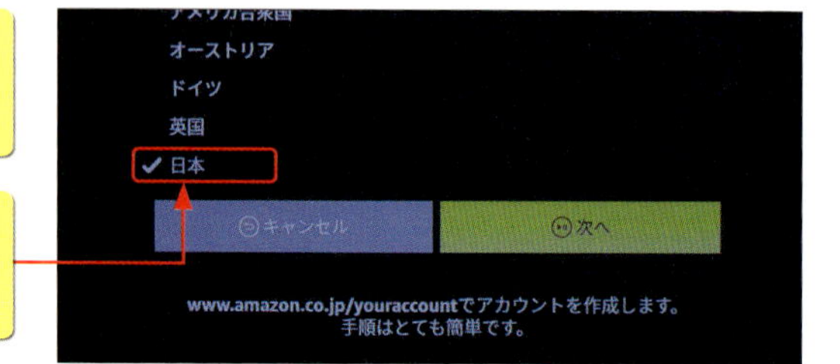

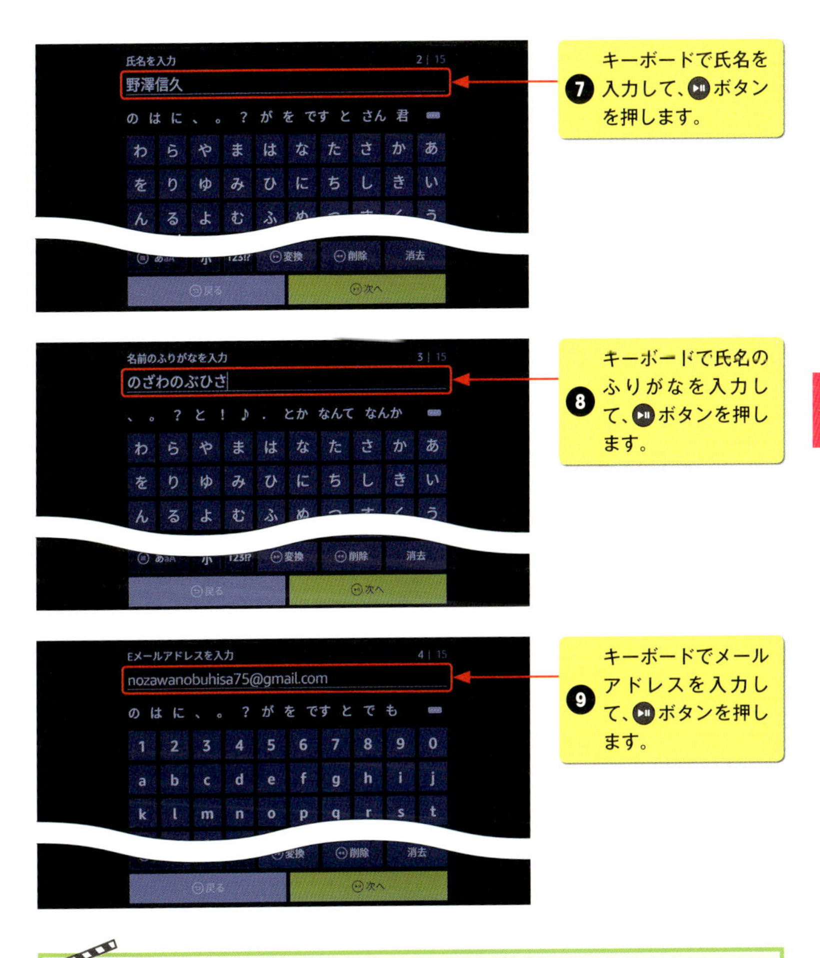

❼ キーボードで氏名を入力して、⏯ボタンを押します。

❽ キーボードで氏名のふりがなを入力して、⏯ボタンを押します。

❾ キーボードでメールアドレスを入力して、⏯ボタンを押します。

Memo Amazonアカウントを持っている場合

Amazonアカウントをすでに持っている場合は、左ページ手順❸で<登録>を選んで◉を押し、画面の指示に従って設定します。なお、Amazonアカウントは、Amazon公式サイト（https://www.amazon.co.jp）で<アカウント&リスト>にマウスポインターを合わせ、<新規登録はこちら>をクリックすることでも作成できます。

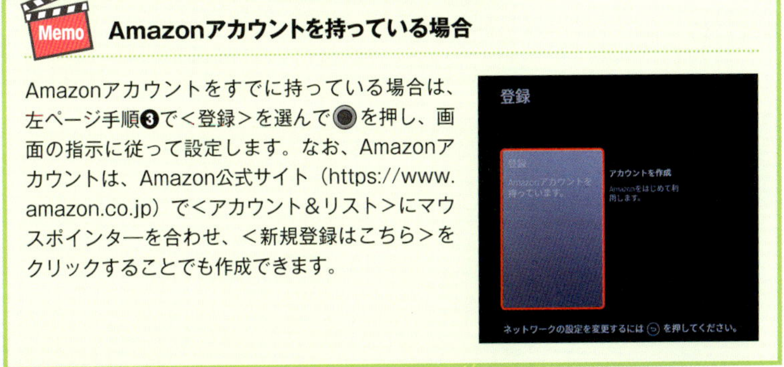

⑩ キーボードで設定したいパスワードを入力して、⏯ボタンを押します。

⑪ ⑩で入力したパスワードをキーボードで再び入力して、⏯ボタンを押します。

⑫ キーボードでクレジットカード番号を入力し、⏯ボタンを押します。

⑬ キーボードでクレジットカードの有効期限月を入力し、⏯ボタンを押します。

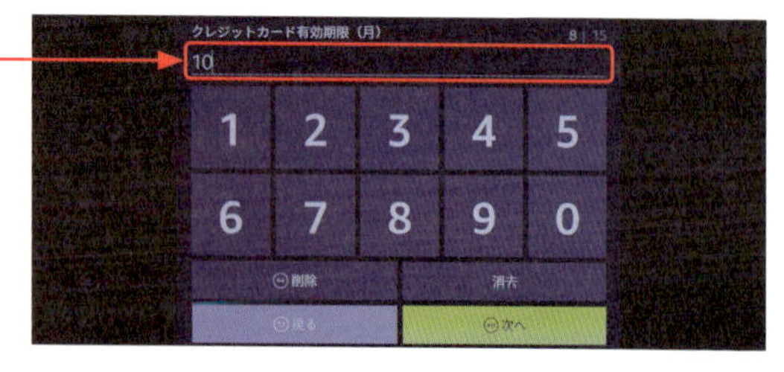

⑭ キーボードでクレジットカードの有効期限年を入力し、⏯ボタンを押します。

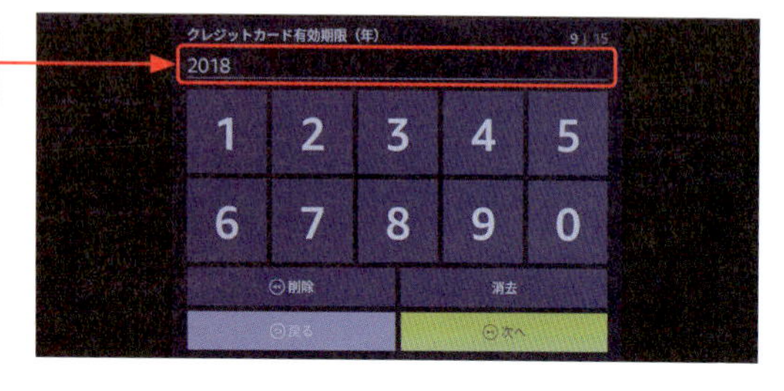

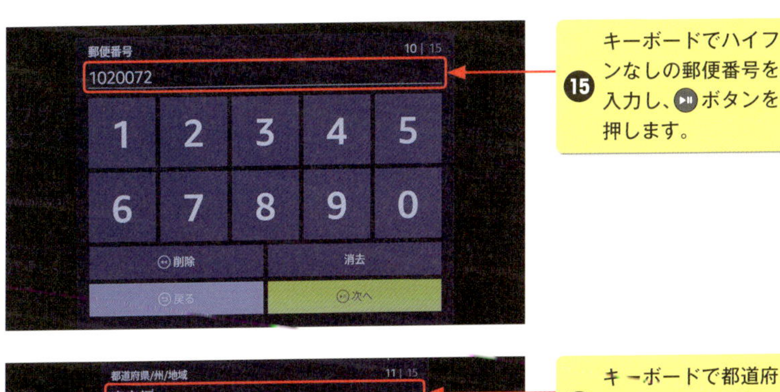

⑮ キーボードでハイフンなしの郵便番号を入力し、⏯ボタンを押します。

⑯ キーボードで都道府県名を入力し、⏯ボタンを押します。

⑰ キーボードで市区町村名を入力し、⏯ボタンを押します。

⑱ キーボードで町名以下の住所を入力し、⏯ボタンを押します。

19 キーボードでハイフンなしの電話番号を入力し、⏯ボタンを押します。

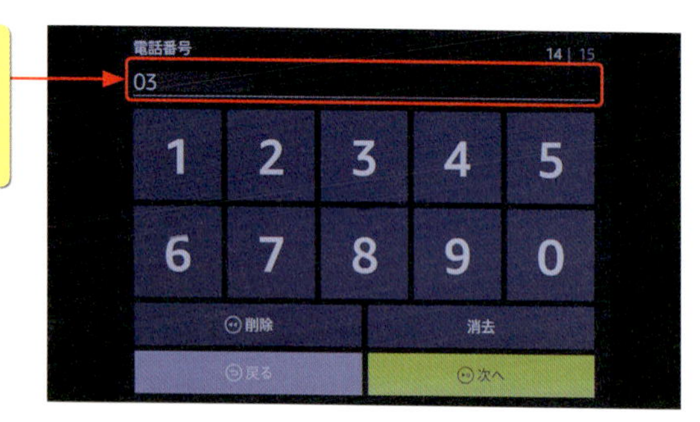

20 登録情報を確認し、⏯ボタンを押します。

21 入力した情報が登録され、Amazon アカウントが作成されます。

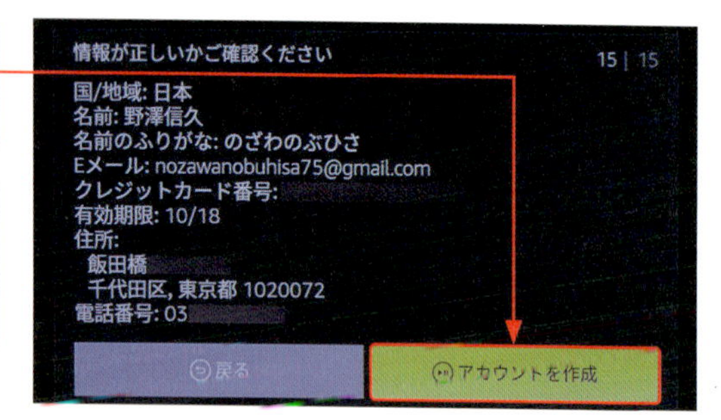

2 アカウントの詳細を設定する

1 アカウント登録が完了したら、アカウントの設定を行います。

2 <○○さんのアカウントを使用>を選んで◉を押します。

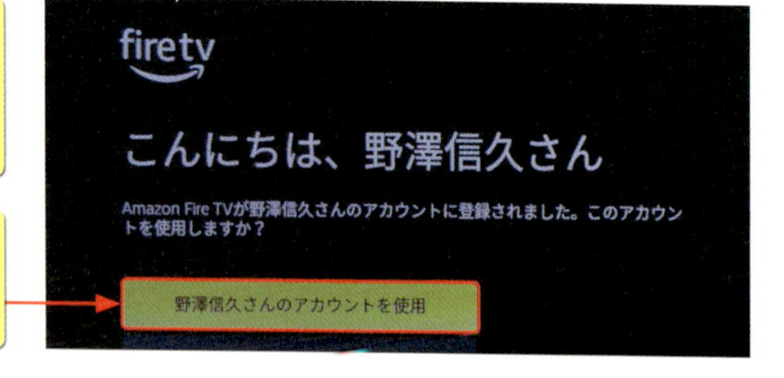

3 ここでは、<はい>を選んで◉を押します。

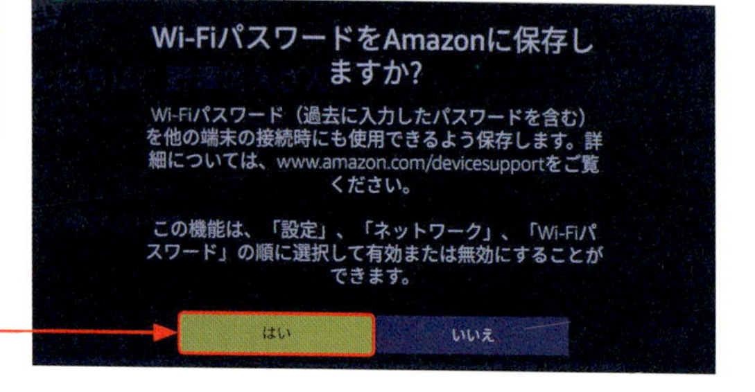

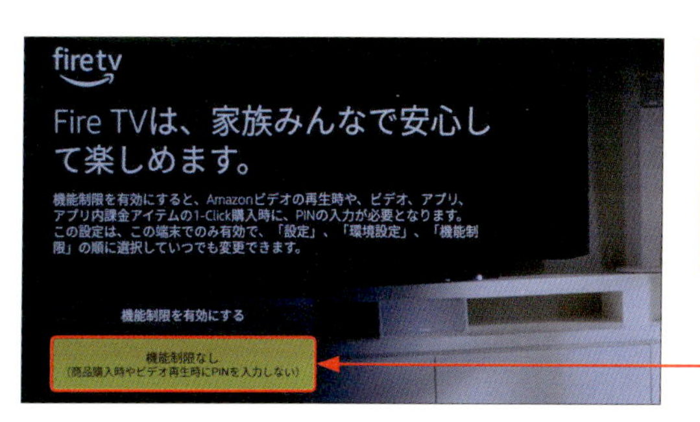

❹ ここでは、<機能制限なし>を選んで◎を押します。機能制限は、あとから設定することもできます(Sec.80 参照)。

❺ チュートリアル動画が流れます。

❻ ⏩ボタンを押すと、動画を早送りすることができます。

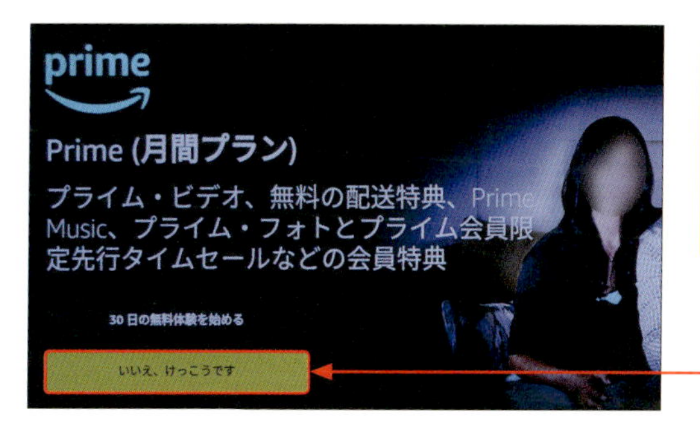

❼ ここでは、<いいえ、けっこうです>を選んで◎を押します。プライム会員については、Sec.18 を参照してください。

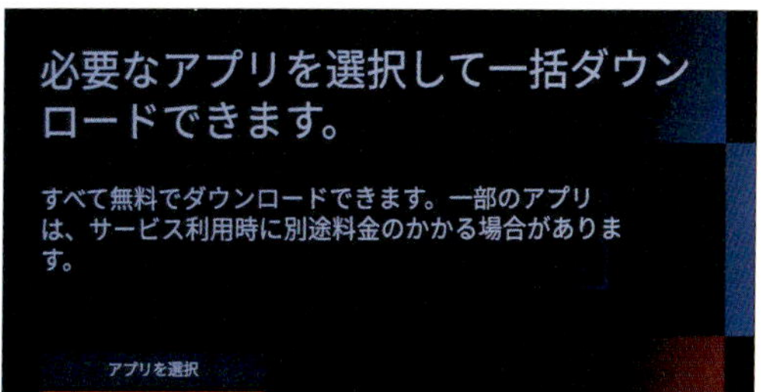

❽ ここでは、<スキップ>を選んで◎を押します。

Section 10 ホーム画面とメニューについて知ろう

Amazonアカウントの登録が完了すると、ホーム画面が表示されます。コンテンツを利用する前に、まずはホーム画面の構成やメニュー画面の概要を知っておきましょう。

1 ホーム画面の表示と機能

Amazon Fire TVを起動したときや、⌂ボタンを押したときに表示される画面がホーム画面です。ホーム画面には、最近見た商品や、おすすめのコンテンツが表示されます。観るものに迷ったときは、まずホーム画面を見てみましょう。なお、画面は更新状態や使用状況などにより表示が異なります。

❶メニュー(右ページ参照)
「マイビデオ」や「設定」などのメニューの各画面を表示します。⌂ボタンを押して画面のいちばん上を選んで<ナビゲーション>で左右に動かすことで、メニューを切り替えることができます。

❷注目
Amazonビデオや有料動画配信サービスなどにおける注目コンテンツが表示されます。ここを選んで◉を押すと、詳細を確認することができます。

❸最近見た商品・マイアプリ&ゲーム・次に見る・おすすめなど
上層には、最近見た商品やマイアプリなど、各種コンテンツが表示されます。下層には、Amazonビデオにおける注目のコンテンツやおすすめのコンテンツなどが表示されます。

2 メニューの各画面

Q（検索画面）

検索画面です。キーボードでキーワードを入力し、コンテンツを検索することができます。

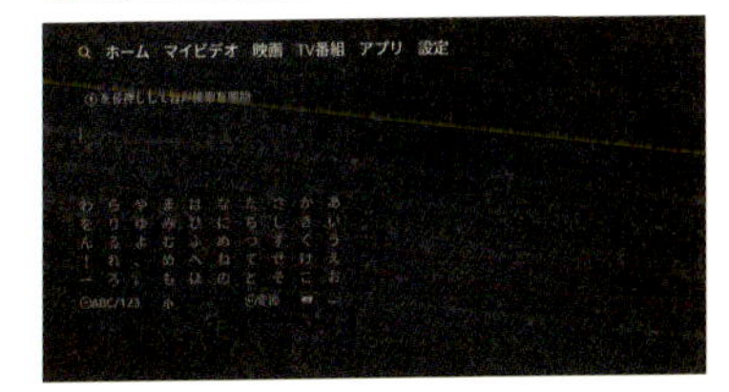

マイビデオ

購入したビデオや、無料で観賞できる映像、「prime おすすめ」などが表示されます。

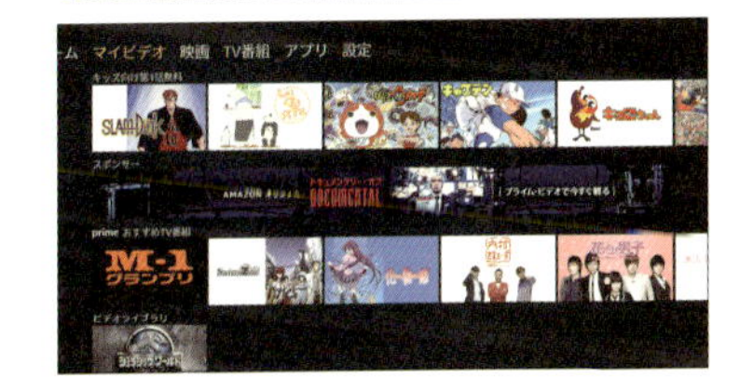

映画

Amazon ビデオやプライムビデオの映画が、新作や準新作、日本映画や外国映画などといったジャンル別に表示されます。

TV 番組

Amazon ビデオやプライムビデオのTV 番組がジャンル別に表示されます。「見逃し配信」や「見放題独占 TV 番組」などを利用できます。

アプリ

アプリが表示されます。注目のアプリを確認したり、カテゴリ別に検索することができます。

設定

通知やネットワーク、ディスプレイとサウンドの設定など、各種設定を行えます。

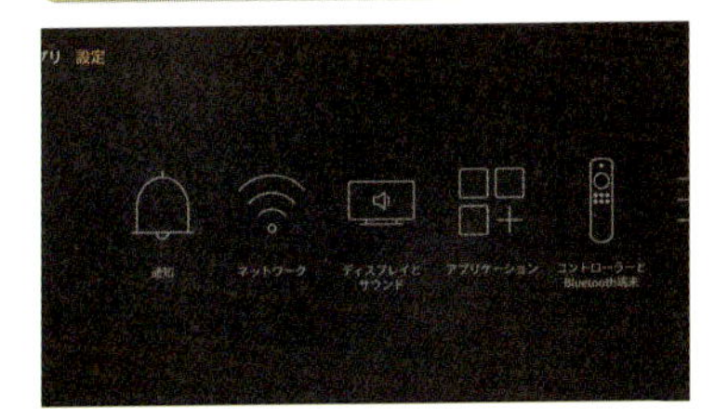

スマホアプリ「Amazon Fire TVリモコンアプリ」を入手しよう

「Amazon Fire TVリモコンアプリ」（Androidスマートフォン）や「Amazon Fire TV Remote」（iPhone）をインストールすれば、スマートフォンを音声認識リモコンのかわりとして使用することができます。

1 スマートフォンアプリをインストールする

❶ Androidスマートフォンのホーム画面で<Play ストア>（iPhoneの場合は<App Store>）をタップします。

❷ 検索ボックスをタップして、「Amazon Fire TV リモコンアプリ」（iPhoneの場合は「Amazon Fire TV Remote」）と入力し、

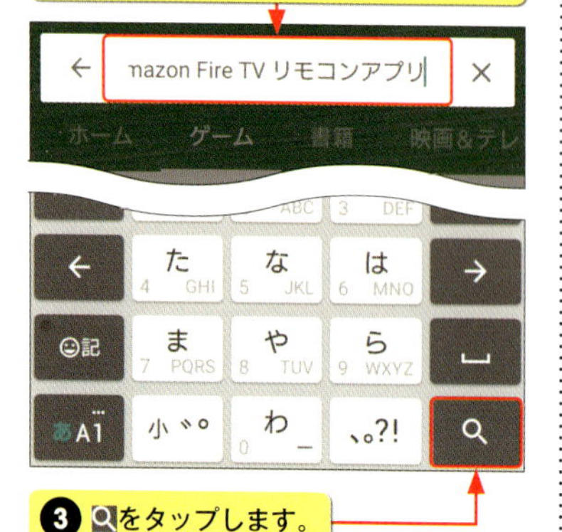

❸ 🔍をタップします。

❹ 「Amazon Fire TV リモコンアプリ」（iPhoneの場合は「Amazon Fire TV Remote」）の<インストール>をタップします。

❺ <同意する>をタップします。

2 ペアリングする

❶ スマートフォンをWi-Fiに接続します。

❷ ホーム画面で＜Fire TV＞をタップします。

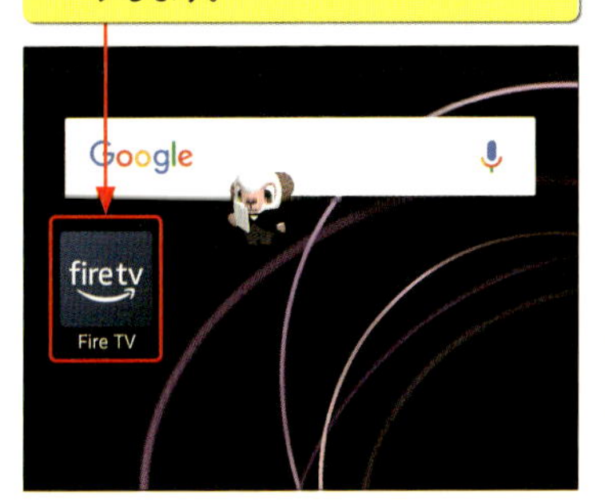

❸ iPhoneの場合は＜OK＞をタップします。

❹ 接続する端末名をタップします。

❺ Amazon Fire TV画面に4桁のコードが表示されます。

❻ コードを入力します。

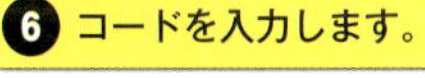

端末が表示されない

手順❹で接続する端末が表示されない場合は、Amazon Fire TVと同じWi-Fiに接続します。同じWi-Fiに接続することで動作が安定します。
上記の方法で解決しなかった場合は、＜サインイン＞をタップし、ID（メールアドレス、または携帯番号やアカウントの番号）とAmazonのパスワードを入力し、＜ログイン＞をタップしてAmazonアカウントにログインします。

Section 12

「Amazon Fire TV リモコンアプリ」の快適操作を覚えよう

「Amazon Fire TVリモコンアプリ」(iPhoneの場合は「Amazon Fire TV Remote」アプリ)は、音声認識リモコンの機能に加え、すばやく設定画面を表示したり、スリープにしたりすることができます。

1 Amazon Fire TVリモコンアプリの操作方法

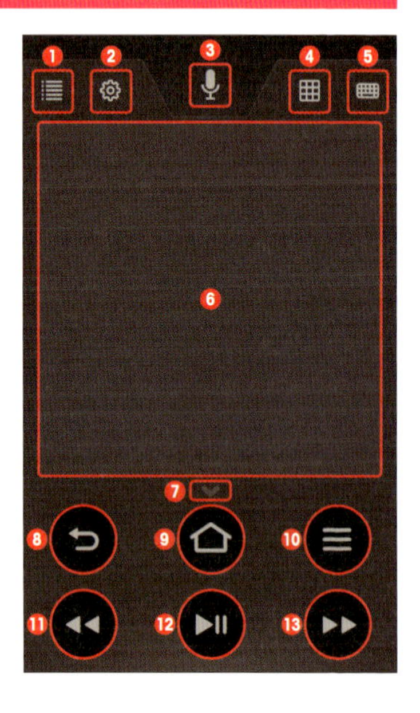

❶接続する端末を選択
接続するAmazon Fire TVを選択します。
❷スリープ/設定
Amazon Fire TVをスリープ状態にしたり、設定画面を表示することができます。
❸音声検索
スワイプすると、音声入力ができます。
❹マイアプリとゲーム
マイアプリとゲームを表示します。
❺キーボード
文字入力を行えます。
❻選択/ナビゲーション
枠内でタップして選択します。また、スワイプした方向へ移動します。上方向へスワイプすると上に移動し、下方向へスワイプすると下に移動します。
❼折りたたむ
下方向へスワイプすると、⓫~⓭が非表示になります。
❽戻る
前の画面に戻ります。
❾ホーム
ホーム画面を表示します。
❿メニュー
動画再生中にオプションを表示します。
⓫早戻し
動画を10秒先に飛ばします。長押しすると、早戻しすることができます。早戻しの速度は3段階から選べます。
⓬再生/一時停止
動画を再生/一時停止します。
⓭早送り
動画を10秒先に飛ばします。長押しすると、早送りすることができます。早送りの速度は3段階から選べます。

◆第2章◆

Amazonビデオで映画や番組を楽しもう

Amazonビデオで動画を購入・レンタルしよう

Amazonビデオで動画を購入すると、その動画をいつでも観られるようになります。また、動画をレンタルするとレンタル期間内のみ、その動画を観ることができます。レンタル期間が終わると、動画は観られなくなります。

1 Amazonビデオで動画を購入する

❶ ホーム画面やメニューから購入したい動画を選んで◉を押します。

❷ <購入>を選んで◉を押します。

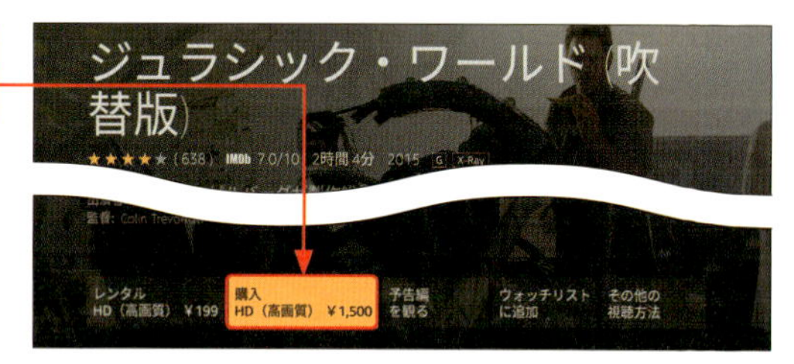

❸ <今すぐ購入>を選んで◉を押します。購入した動画の再生については、P.40を参照してください。

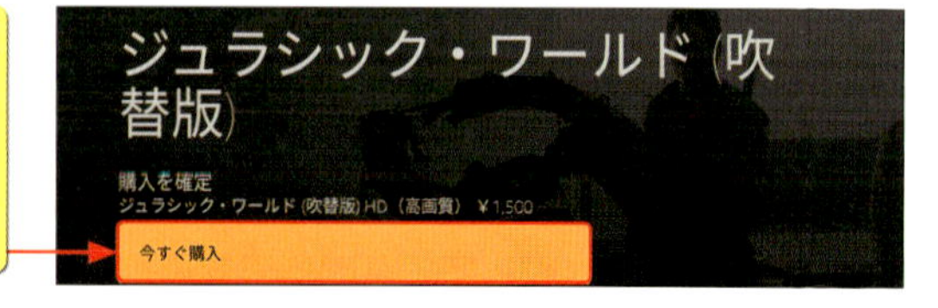

Memo ホーム画面以外のAmazonビデオ

Amazonビデオの動画は、ホーム画面以外にも、「マイビデオ」「映画」「TV番組」の各メニュー画面で確認できます。なお、検索画面でキーワードを入力して検索することもできます（P.33参照）。

 Amazonビデオで動画をレンタルする

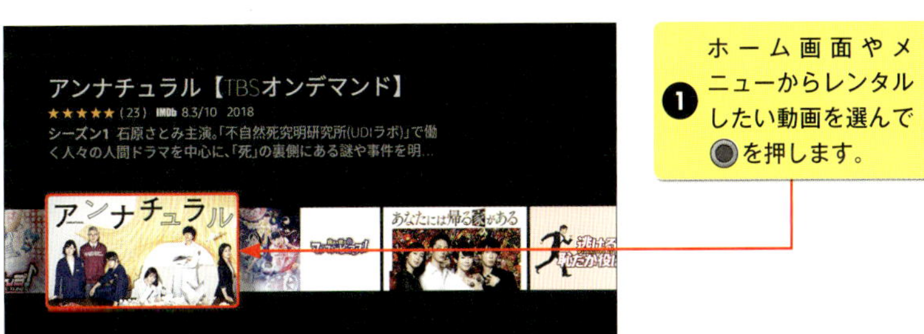

❶ ホーム画面やメニューからレンタルしたい動画を選んで◎を押します。

❷ ここでは<エピソード1をレンタル>を選んで◎を押します。

❸ ここでは<48時間HD（高画質）レンタル>を選んで◎を押します。

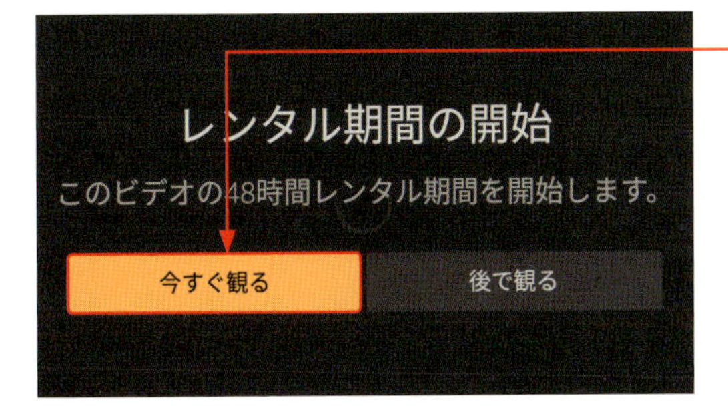

❹ <今すぐ観る>を選んで◎を押すと、動画の再生がはじまります。

❺ <後で観る>を選んだ場合、P.40を参考に再生します。

ビデオライブラリから動画を再生しよう

Amazonビデオで購入・レンタルした動画は、ビデオライブラリから観ることができます。なお、レンタル期間を過ぎると、レンタルした動画はビデオライブラリに表示されなくなります。

1 ビデオライブラリから動画を観る

ビデオライブラリは「マイビデオ」メニューからアクセスすることができます。「マイビデオ」を表示し、「ビデオライブラリ」で観たい動画を選んで◉を押します。

❶ <マイビデオ>を選び、

❷ 「ビデオライブラリ」で動画を選んで◉を押します。

❸ 視聴を途中で止めていた動画は、<続きを観る>を選んで◉を押すと、続きから観ることができます。

2 ビデオライブラリから動画を削除する

Amazonビデオで購入した動画を削除したい場合は、Amazon公式サイト（https://www.amazon.co.jp）で「ビデオライブラリ」へアクセスする必要があります。なお、Amazon Fire TVからWebページにアクセスする際は、「Silkブラウザ」を利用します。

❶ ホーム画面や「アプリ」で<Silk Browser>を選んで◎を押します。初回起動時は、画面の指示に従ってアプリをダウンロード（P.67参照）します。

❷ ◎ボタンを押して、

❸ 「ブックマーク」で<Amazon.co.jp>を選んで◎を押します。

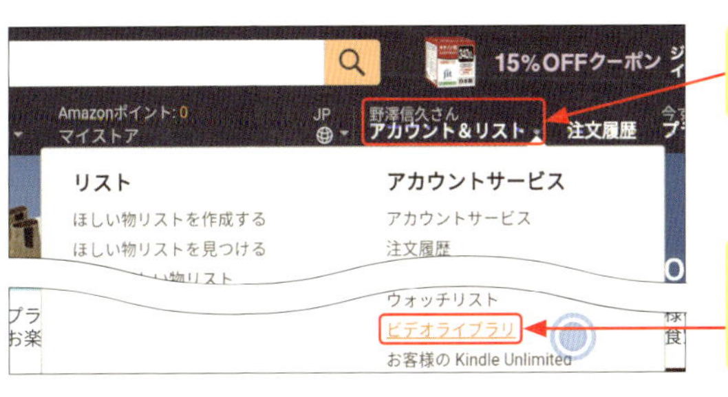

❹ <アカウント＆リスト>を選び、

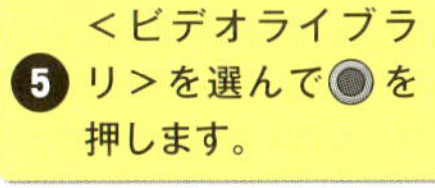

❺ <ビデオライブラリ>を選んで◎を押します。

❻ <TV番組>（または<映画>）を選んで◎を押し、

❼ 削除したい動画の<削除>を選んで◎を押します。

音声でコンテンツを検索しよう

音声認識リモコンを使用して、音声でコンテンツを検索してみましょう。ここでは、検索例も含めて紹介します。なお、スマートフォンのリモコンアプリ（P.34 ～ 36参照）からも音声検索をすることができます。

1 音声検索をする

❶ ボタンを長押ししたまま、

❷ ビープ音が鳴り、画面が黒くなった状態で、マイクに向かって話しかけ、

❸ 話し終えたら ボタンから指をはなします。

❹ 音声（ここでは「ファンタジー映画」）が認識され、検索結果が表示されます。

スマートフォンのリモコンアプリで音声検索する

スマートフォンのリモコンアプリで音声検索する場合は、 を下方向にスワイプしたままマイクに向かって話しかけます。

検索のヒント

タイトルや出演者、ジャンルや制作国などで絞り込んで、観たい動画を探すことができます。

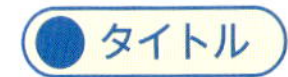

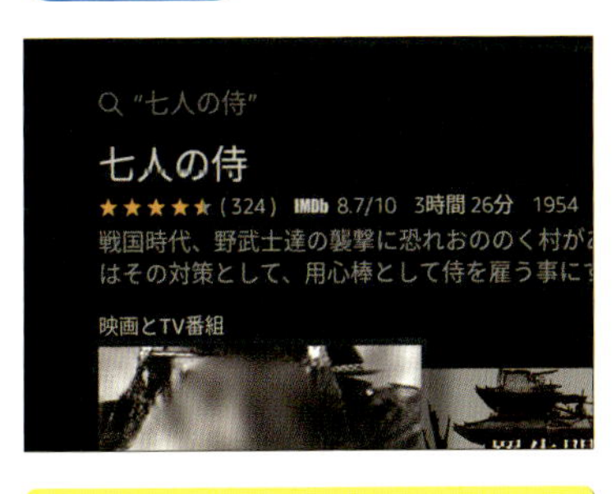

動画のタイトルを検索します（ここでは「七人の侍」と検索）。

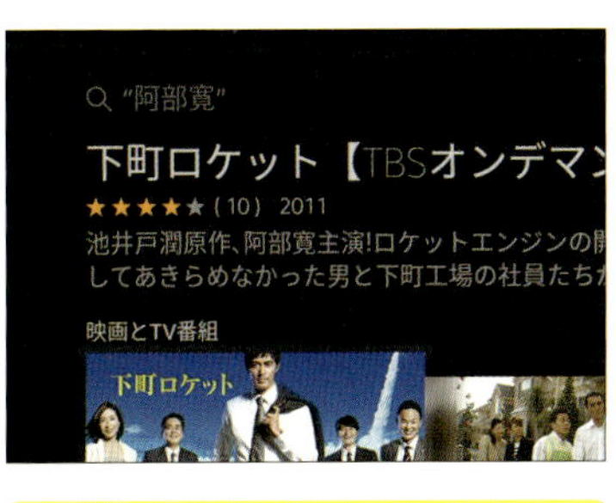

出演者の名前で検索します（ここでは「阿部寛」と検索）。

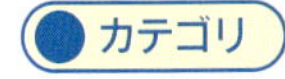

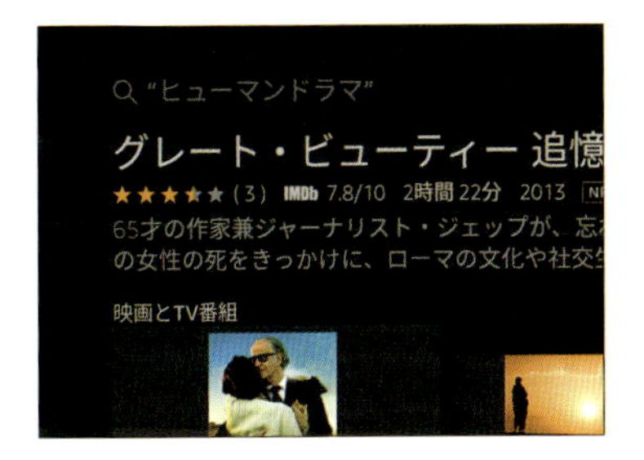

動画のカテゴリを検索します（ここでは「ヒューマンドラマ」と検索）。

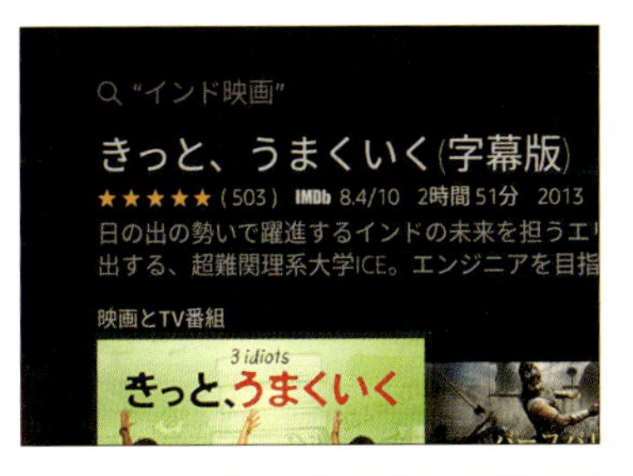

動画の制作国を検索します（ここでは「インド映画」と検索）。

音声検索がうまくいかない

音声検索がうまくいかない場合、以下を試してみましょう。

- 音声認識リモコンを、自分から2.5～30センチ程度離して持ちます。
- 周囲に雑音がない環境で再度、音声検索を行います。
- 検索したい言葉をできるだけわかりやすくはっきりと話します。「検索したい」または「見つける」などの単語は使用しません。

Section 16

ウォッチリストを活用しよう

ウォッチリストを活用すると、観たい動画をあとからまとめて確認することができます。ここでは、ウォッチリストの使い方と、スマートフォンからウォッチリストを利用する方法を説明します。

1 動画をウォッチリストに追加する

❶ ウォッチリストに追加したい動画を選んで◎を押します。

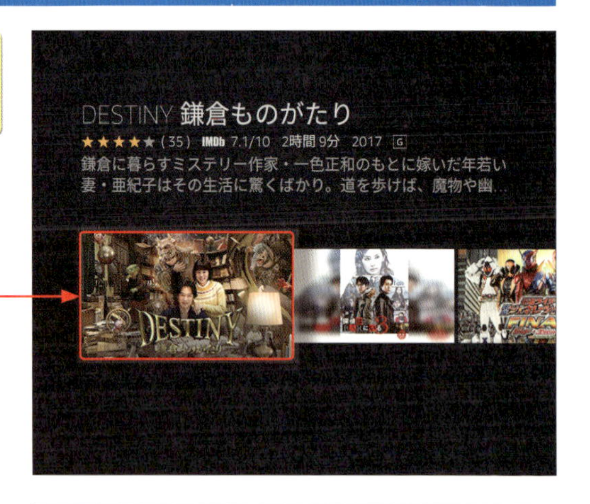

❷ <ウォッチリストに追加>を選んで◎を押します。

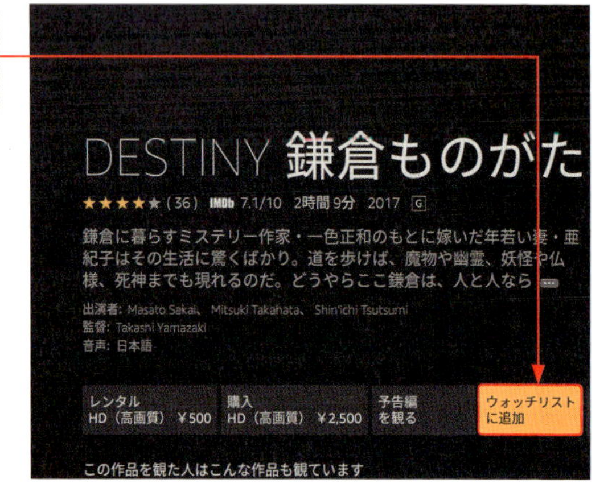

2 ウォッチリストを見る

❶ <マイビデオ>を選び、

❷ 「ウォッチリスト」で動画を確認します。

3 動画をウォッチリストから削除する

❶ ウォッチリストから削除したい動画を選んで◉を押します。

❷ <ウォッチリストから削除>を選んで◉を押します。

4 スマートフォンから動画をウォッチリストに追加する

ここでは、スマートフォンのWebブラウザから動画をウォッチリストに追加する方法を紹介します。なお、「プライム・ビデオ」アプリ（Sec.20参照）からウォッチリストの追加や削除を行うこともできます。「プライム・ビデオ」アプリは、プライム会員（Sec.17参照）でなくても利用することができます。

❶ スマートフォンでWebブラウザのアイコンをタップして起動します。

❷ 検索ボックスに「Amazon ビデオ」と入力して検索します。

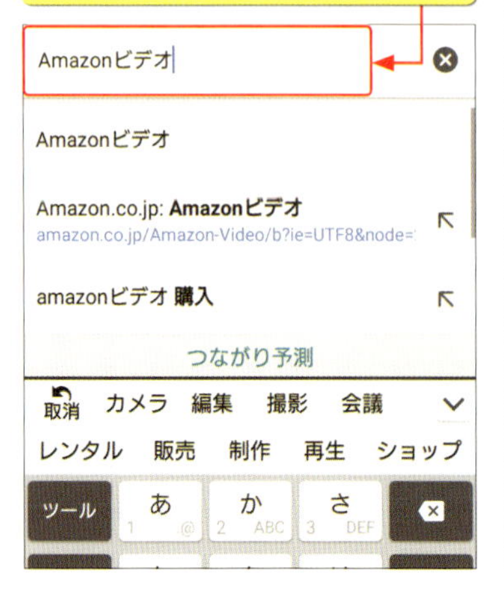

❸ 検索結果画面で<Amazon ビデオ>をタップします。

❹ Amazon ビデオが表示されます。

5 ウォッチリストに追加したい動画をタップします。

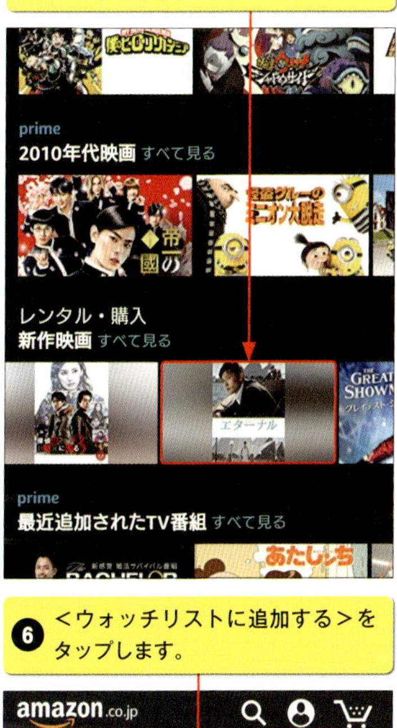

6 <ウォッチリストに追加する>をタップします。

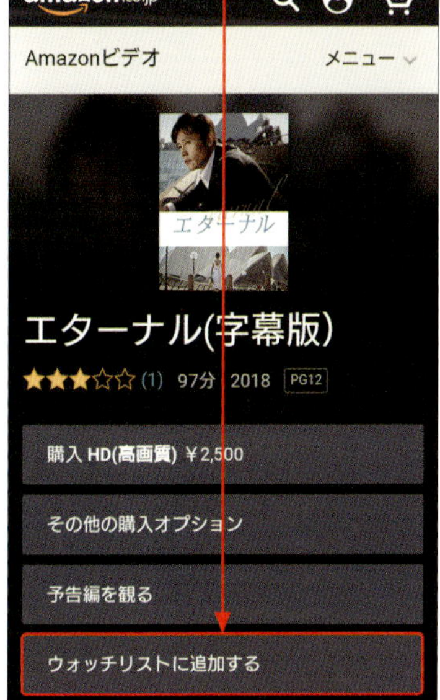

7 Amazon アカウントのメールアドレスを入力し、

8 <次へ進む>をタップします。

9 Amazon アカウントのパスワードを入力し、

10 <ログイン>をタップします。

Section 17

プライムビデオとは

プライムビデオとは、プライム会員に登録していると利用できるサービスです。有名映画やテレビドラマ、Amazonオリジナル作品など、多数の作品を追加料金なしで鑑賞することができます。

1 プライムビデオはこんなサービス

プライムビデオとは、Amazonの有料会員サービス「Amazonプライム」に登録していると利用できる特典です。プライム会員は、プライムビデオ対象商品を追加料金なしで観ることができます。有名作品やAmazonオリジナル作品など、豊富なラインナップを楽しむことができます。

さらに、「Prime Videoチャンネル」では、スポーツ、ニュースなどのチャンネルも月額料金で利用することができます。

なお、Amazon Fire TVのほか、対応のスマートテレビや対応のブルーレイプレーヤー、ゲーム機（PlayStation 3／4、Wii U）、Android端末、iOS端末、Fireタブレットなどからも利用することができます。

プライムビデオ

プライム会員であれば、追加料金なしで楽しめます。

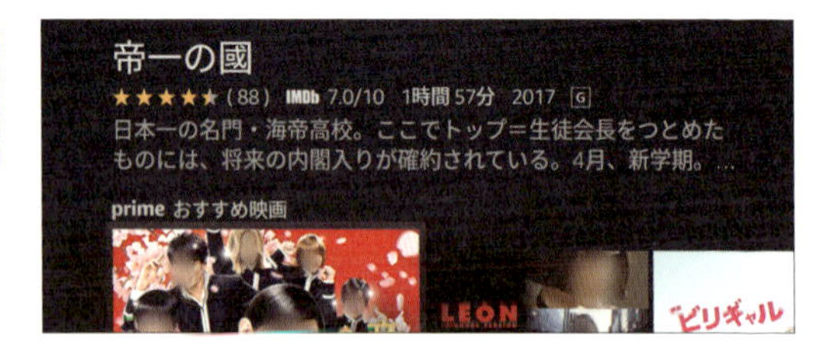

Prime Videoチャンネル

プライム会員料金と追加の月額料金で楽しむことができます。

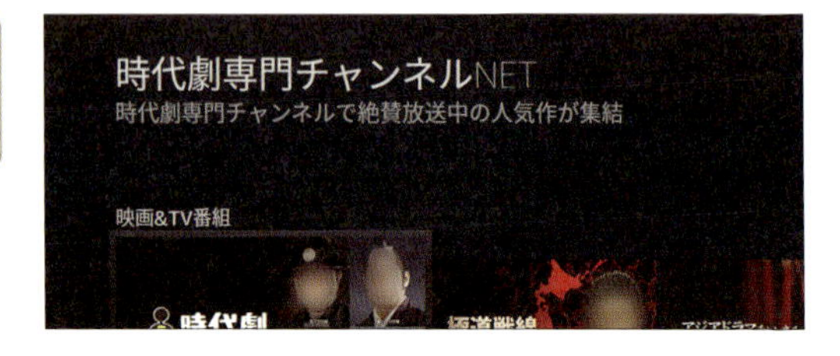

Amazonプライムの主なサービス

　プライム会員になると、プライムビデオ以外にもさまざまな特典を受けられます。たとえば、Amazon でプライム対象商品を注文した際、本来であれば別途料金が必要なお急ぎ便や日時指定便、配送手数料を何度でも無料で利用することができます。そのほか、対象書籍が読み放題になる「プライムリーディング」や、対象楽曲が聴き放題になる「プライムミュージック」（第５章参照）、写真や動画をアップロードできる「プライムフォト」（第６章参照）などのサービスも利用できます。
　プライム会員の形態には、Amazon プライムと、学生向けサービスである「Prime Student」の２種類があります。

会員名	Amazonプライム	Prime Student
会費	年間プラン：3,900円（税込） 月間プラン：400円（税込）	年間プラン：1,900円（税込） 月間プラン：月額200円（税込）
内容	・プライムビデオ ・お急ぎ便無料 ・日時指定便無料 ・取扱手数料無料 ・プライムミュージック ・プライムフォト ・プライムリーディング ・タイムセール先行 ・Prime Now（対象エリアのみ） ・Amazon パントリー ・Amazonフレッシュ（対象エリアのみ）など	
	・30日間の無料体験 ・家族会員最大2人までお急ぎ便、日時指定が無料	・6ヶ月間無料体験（一部サービスに制限あり）

Amazonファミリー会員

Amazonファミリー会員とは、妊娠中の人、または小さな子どものいる家庭を対象としたサービスです。Amazonプライム会員とあわせて登録することで、おむつやおしり拭きが「定期おトク便」でいつでも15%OFFになる特典のほか、多数のお得なサービスを受けることができます。

Section 18 プライム会員に登録しよう

Amazonプライムには30日間の無料体験があり、サービスを試すことができます。初期設定では、体験期間が終了すると自動的に月額会員へ移行しますが、体験後自動的にプライム会員をやめる設定をすることも可能です。

1 プライム会員の無料体験をはじめる

❶ ホーム画面やメニューから、「prime」と記載されている動画を選んで◉を押します。

❷ <プライムで観る30日間の無料体験>を選んで◉を押します。

❸ <30日の無料体験を始める>を選んで◉を押します。

2 無料体験期間のみAmazonプライムを利用する

Amazonプライム有料会員への自動移行をしたくない場合は、Amazon公式サイト（https://www.amazon.co.jp）で「アカウント＆リスト」へアクセスする必要があります。

❶ P.41 手順❶～❸を参考にSilkブラウザで、Amazon公式サイト（https://www.amazon.co.jp）を開きます。

❷ ＜アカウント＆リスト＞を選んで◉を押します。

❸ ＜プライム＞を選んで◉を押します。

❹ ＜会員資格を終了する＞を選んで◉を押します。

❺ ＜特典と会員資格を終了＞を選んで◉を押します。

❻ ＜会員資格を終了する＞を選んで◉を押します。

❼ ＜会員資格を終了する＞を選んで◉を押すと、無料体験期間の終了後に会員資格が終了するよう設定することができます。

プライム会員特典で動画を観よう

プライム会員に登録したら、プライム会員特典で無料の動画を楽しみましょう。プライムビデオは期間中、何度でも無料で動画を観ることができます。ここでは、プライムビデオを探す方法や観る方法を紹介します。

1 プライム会員特典の対象動画を探す

「prime おすすめ映画」や「prime おすすめ TV 番組」などのように、「prime」と書いてある動画がプライム会員特典の対象動画です。ただし、「PRIME VIDEO チャンネル」(P.48 参照) は追加料金が必要なサービスであるため、注意が必要です。

プライム会員特典

「prime おすすめ映画」や「prime おすすめ TV 番組」などのように、「prime」と記載されている動画は無料で観ることができます。

プライム会員特典以外の動画

「PRIME VIDEO チャンネル」は、プライム会員料金に加え、追加料金が必要なサービスです。また、「レンタル・購入」や「レンタル・購入・準新作の人気映画」などの動画は、プライム会員特典以外の動画も含まれています。

2 プライムビデオを観る

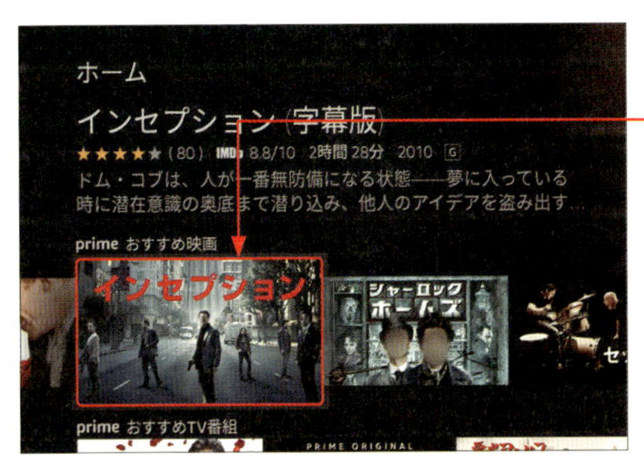

❶ ホーム画面やメニューから、「prime」と表示されている動画を選んで◉を押します。

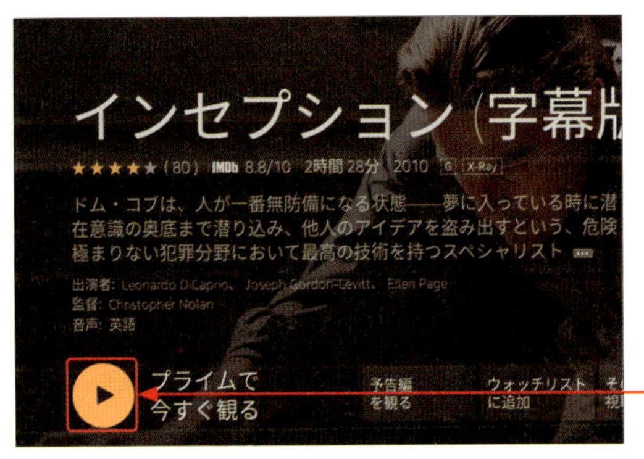

❷ <プライムで今すぐ観る>を選んで◉を押します。

以前観たプライムビデオが有料になっている

プライム会員特典動画は、ときどき変更・追加されます。したがって、サービスの対象から外れた動画は、無料で観ることができなくなります。もうすぐ見放題が終了する動画は、「プライム・ビデオ」アプリ(Sec.20)やAmazon公式サイトの「Prime Video」(P.59参照)で確認することができます。
また、プライム会員特典で視聴した動画は「マイビデオ」に表示されません。再度視聴したい場合は、ホーム画面の「最近見た商品」から観ることができます。

スマホアプリ「プライム・ビデオ」で無料作品を効率よく探そう

スマートフォンアプリ「プライム・ビデオ」を使えば、操作に慣れているスマートフォンでプライム会員特典の対象動画を探すことができます。ここでは、「プライム・ビデオ」アプリのインストール方法と画面について紹介します。

1 「プライム・ビデオ」アプリをインストールする

❶ P.34を参考に「Play ストア」や「App Store」で「プライムビデオ」と検索します。

❷ <インストール>をタップします。

❸ ホーム画面で<プライム・…>(iPhoneの場合は<Prime Video>)をタップします。

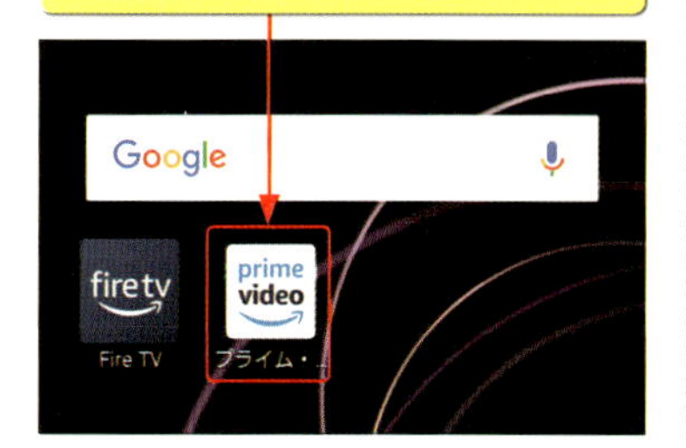

❹ ID(メールアドレス、または携帯番号やアカウントの番号)と、Amazonのパスワードを入力し、

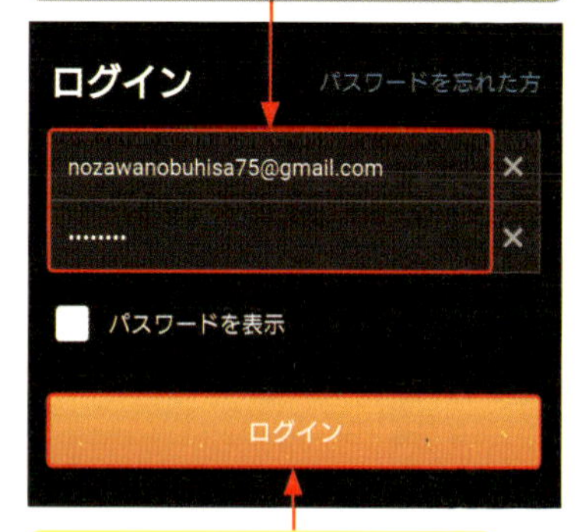

❺ <ログイン>をタップします。

❻ 「プライム・ビデオ」のホーム画面が表示されます。

2 「プライム・ビデオ」アプリの画面

Android スマートフォン

❶メニューバー
タップすると、メニューバーが表示されます。ウォッチリストやビデオライブラリ、ダウンロード済みの動画や設定などを表示します。

❷検索
動画をキーワードで検索します。

❸動画の種類
オリジナル動画、キッズ向け動画などをカテゴリ別に表示します。

❹視聴方法
「プライム会員特典」、「チャンネル」、「レンタル・購入」などの各商品形態に一致した動画を表示します。

❶検索
動画をキーワードで検索します。

❷動画の種類
オリジナル動画、キッズ向け動画などをカテゴリ別に表示します。

❸メニューバー
ウォッチリストやビデオライブラリ、ダウンロード済みの動画や設定を表示します。

Section 21

カテゴリ検索と絞り込み検索を駆使しよう

「プライム・ビデオ」アプリを利用すると、キーワード検索だけでなく、プライム会員特典やレンタル・購入などの商品形態で絞り込んだり、コンテンツの種類で絞り込んで検索することができます。

1 カテゴリ検索・絞り込み検索をする

❶ P.54を参考に、「プライム・ビデオ」アプリを起動します。

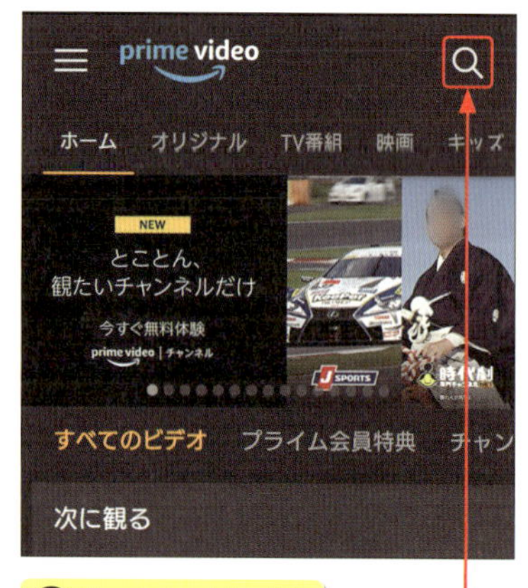

❷ 🔍をタップします。

❸ 検索したいキーワードを入力して検索します。

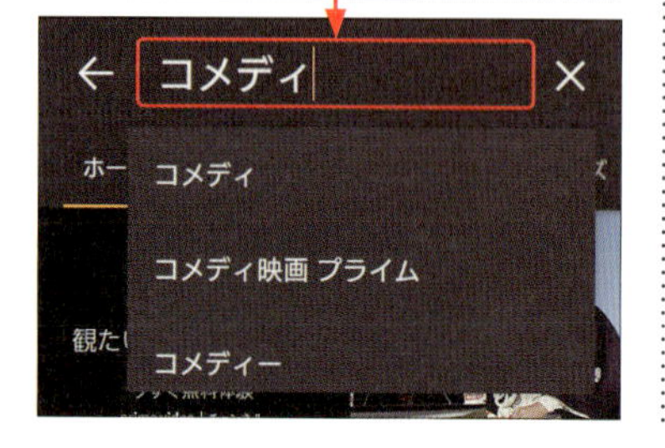

❹ キーワードに関連する動画が表示されます。

❺ ☰（iPhoneの場合は<絞り込み>）をタップし、

❻ <視聴方法>をタップします（iPhoneの場合は手順❼へ）。

❼ 任意の視聴方法（ここでは<プライム会員特典>）をタップします（iPhoneの場合は、そのあとに<完了>をタップします）。

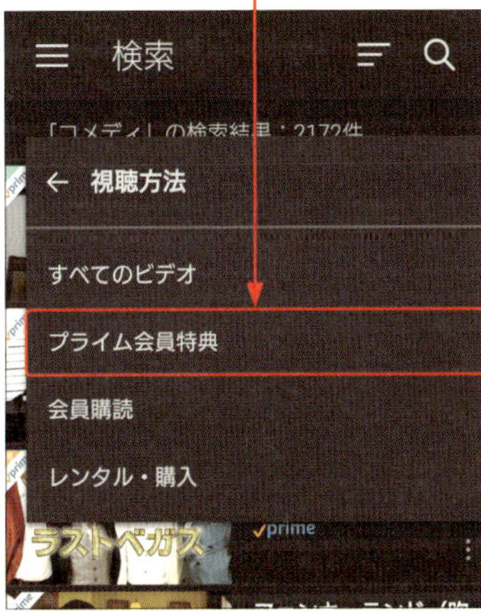

❽ ❼で選択した視聴方法の対象となる動画だけが表示されます。

❾ 再度（iPhoneの場合は<絞り込み>）をタップします。

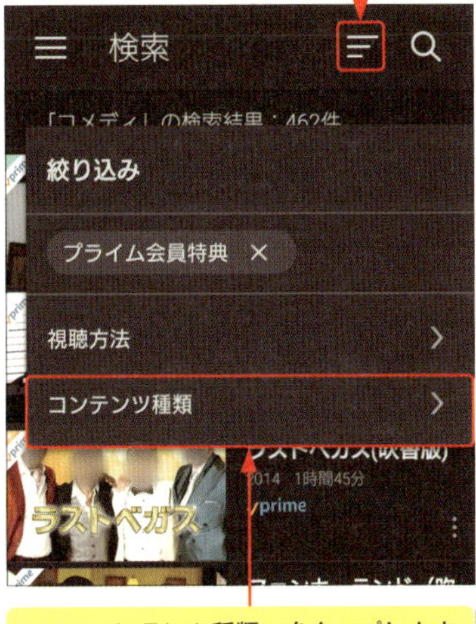

❿ <コンテンツ種類>をタップします（iPhoneの場合は手順⓫へ）。

⓫ 任意のコンテンツの種類（ここでは<TV番組>）をタップします（iPhoneの場合は、そのあとに<完了>をタップします）。

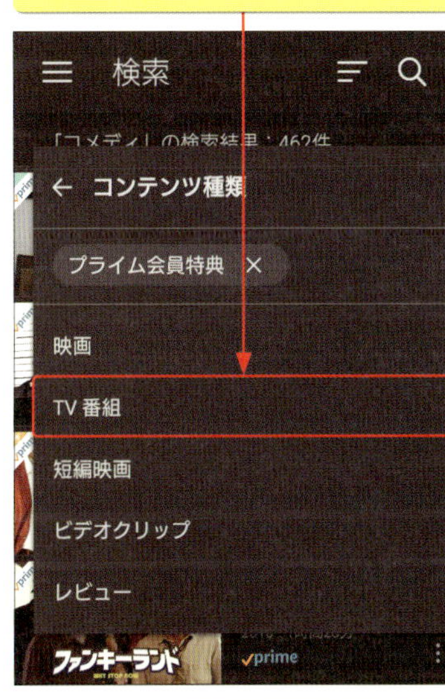

⓬ 選択した視聴方法とコンテンツの種類に一致した動画が表示されます。

Section 22

最近追加された動画だけを確認しよう

「プライム・ビデオ」アプリでは、最近追加されたプライム会員特典動画のみを見ることができます。ここでは、スマートフォンの「プライム・ビデオ」アプリとAmazon公式サイトの「Amazonビデオ」で確認する方法を紹介します。

1 スマートフォンで最近追加された動画を見る

❶ P.54を参考に、「プライム・ビデオ」アプリを起動します（iPhoneの場合、手順❹から操作してください）。

❷ <プライム会員特典>をタップします。

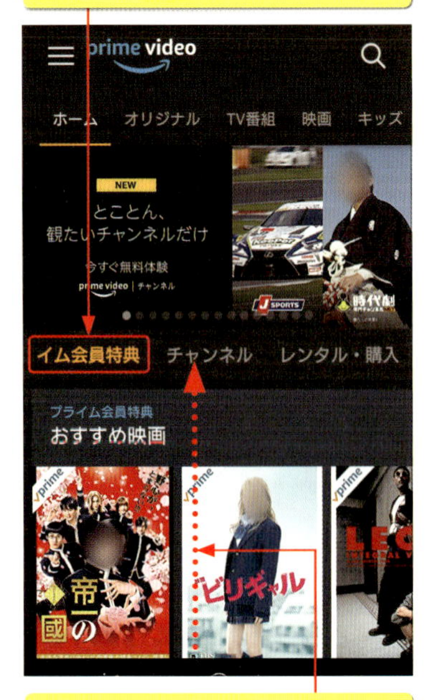

❸ 画面を上方向へスライドしてスクロールします。

❹ ここでは、「最近追加されたTV番組」の<すべて見る>をタップします。

❺ 最近追加された動画が一覧で表示されます。

2 Webブラウザで最近追加された動画を見る

❶ P.41 手順❶〜❸を参考にSilkブラウザで、Amazon公式サイト（https://www.amazon.co.jp）を開きます。

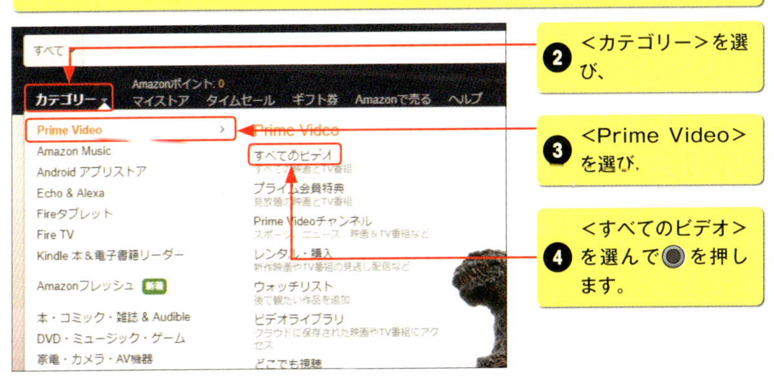

❷ ＜カテゴリー＞を選び、

❸ ＜Prime Video＞を選び、

❹ ＜すべてのビデオ＞を選んで◉を押します。

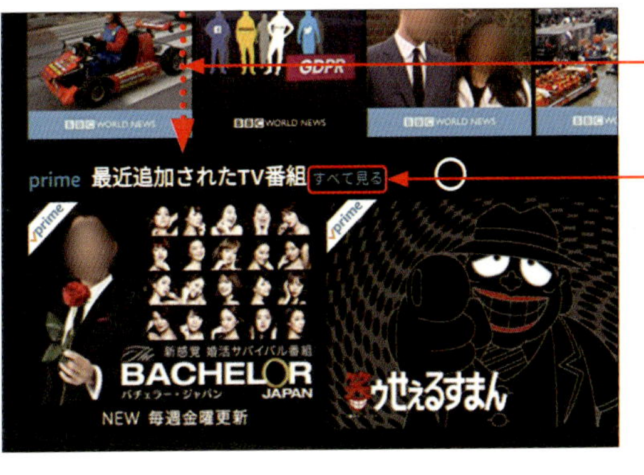

❺ 画面を下方向へスクロールし、

❻ ここでは「最近追加されたTV番組」の＜すべて見る＞を選んで◉を押します。

❼ 過去30日以内に追加された動画が表示されます。購入方法やカスタマーレビューによる評価などで動画を絞り込んで検索することもできます。

おすすめ動画を削除しよう

Amazonでは、ユーザーが購入した商品をもとにおすすめ動画を表示するようになっています。購入した動画の情報をおすすめ動画に反映しないようにするには、Amazon公式サイトで「マイストア」にアクセスする必要があります。

1 おすすめ動画をリストから削除する

1 リストから削除したい動画を選び、

2 ボタンを押します。

3 <リストから削除>を選んでを押します。

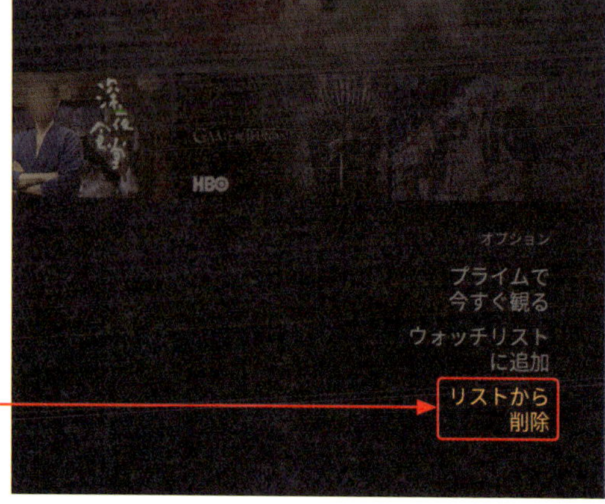

2 視聴した動画をおすすめ商品の情報として使わない

❶ P.41 手順❶～❸を参考に Silk ブラウザで、Amazon 公式サイト（https://www.amazon.co.jp）を開きます。

❷ ＜マイストア＞を選んで◉を押します。

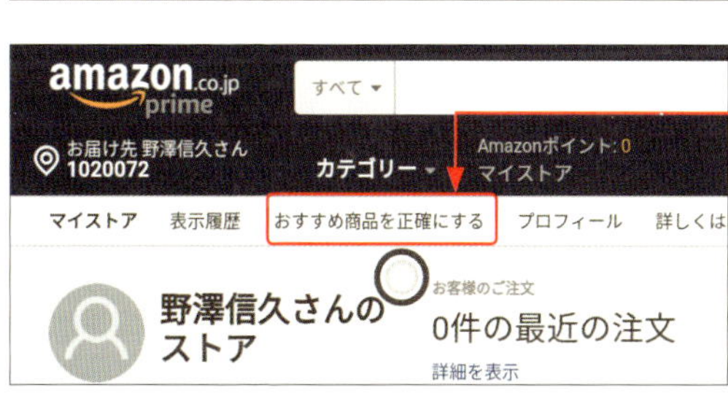

❸ ＜おすすめ商品を正確にする＞を選んで◉を押します。

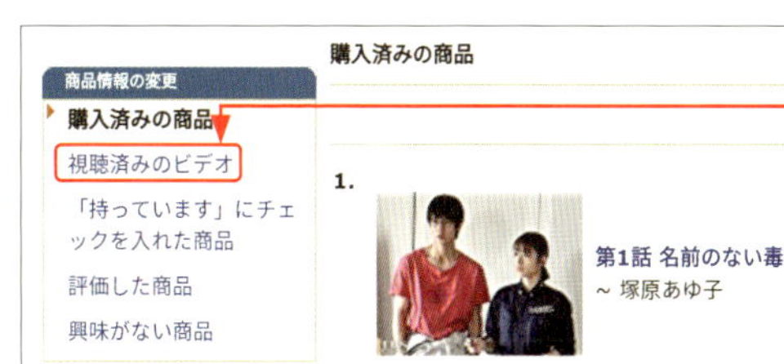

❹ ＜視聴済みのビデオ＞を選んで◉を押します。

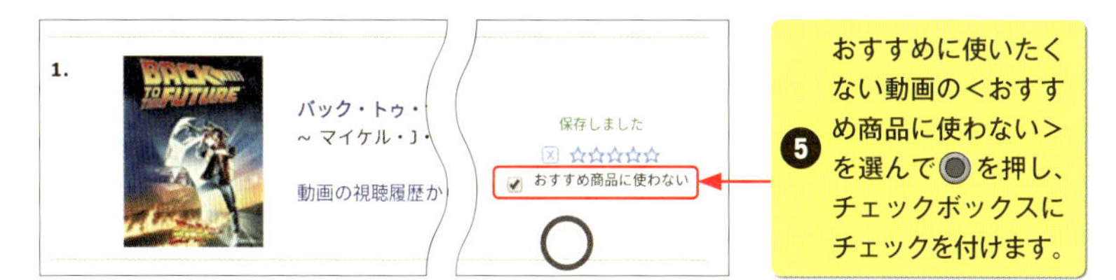

❺ おすすめに使いたくない動画の＜おすすめ商品に使わない＞を選んで◉を押し、チェックボックスにチェックを付けます。

動画を評価したい

手順❹の画面では、動画の評価をすることができます。星を付けたい数だけ☆を選んで◉を押すと、動画が評価されます。

保存しました
おすすめ商品に使わない

最近見た作品リストからビデオを削除しよう

視聴した動画は、ホーム画面やメニュー画面に表示されるようになります。ここでは、過去に視聴した動画をAmazon Fire TVの画面上から削除する方法や、視聴履歴から削除する方法を説明します。

1 視聴した動画が表示される場所

視聴した動画が表示される場所は、ホーム画面の「最近見た商品」、「映画」画面の「次に観る - 映画」、「TV 番組」画面の「次に観る -TV」の３箇所です。

最近見た商品

ホーム画面の「最近見た商品」には、過去に視聴した映画やTV番組などが表示されます。

次に観る - 映画(TV)

「映画（TV番組）」画面の「次に観る - 映画(TV)」には、過去に視聴した動画や、ウォッチリストに追加した動画などが表示されます。

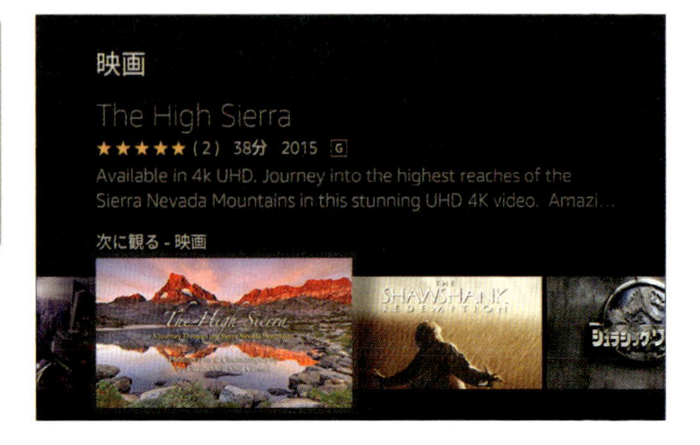

視聴した動画をリストから削除する

視聴した動画を選び、⊜ボタンを押して<最近のアイテムから削除>（または<リストから削除>）を選んで◉を押すことで、リストから削除することができます。

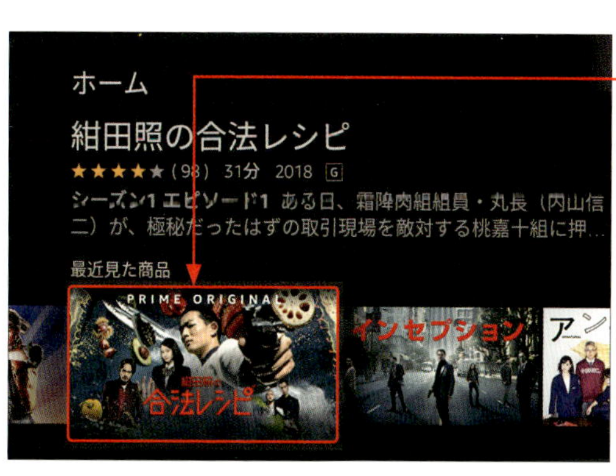

❶リストから削除したい動画を選び、

❷⊜ボタンを押します。

❸<最近のアイテムから削除>（または<ウォッチリストから削除>）を選んで◉を押します。

Memo 「プライム・ビデオ」アプリでリストの動画を削除する

「プライム・ビデオ」アプリで視聴した動画やおすすめ動画などを削除するには、削除したい動画をロングタッチし、<リストから削除>（iPhoneの場合は☒）をタップします。なお、アプリ上での削除はAmazon Fire TVには反映されません。

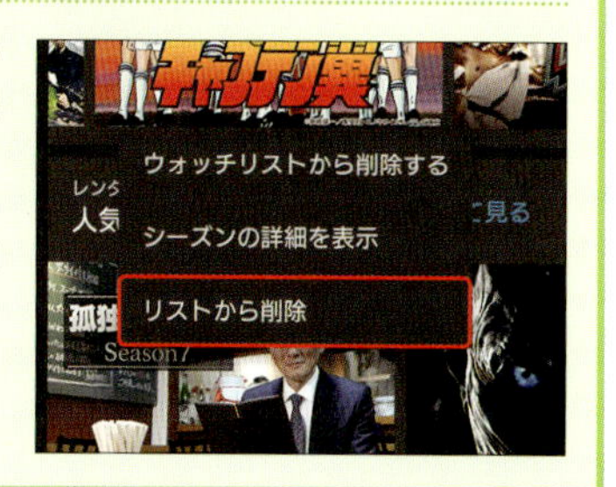

3 視聴履歴から動画を削除する

Amazon アカウント上の視聴履歴を削除するには、Amazon 公式サイト（https://www.amazon.co.jp）で「視聴済みのビデオ」にアクセスする必要があります。なお、この操作は、Amazon Fire TV 画面上には反映されません。

❶ P.61 手順❶～❹を参考に、Silk ブラウザで「視聴済みのビデオ」を表示します。

❷ ＜動画の視聴履歴からこれを削除＞を選んで◉を押します。

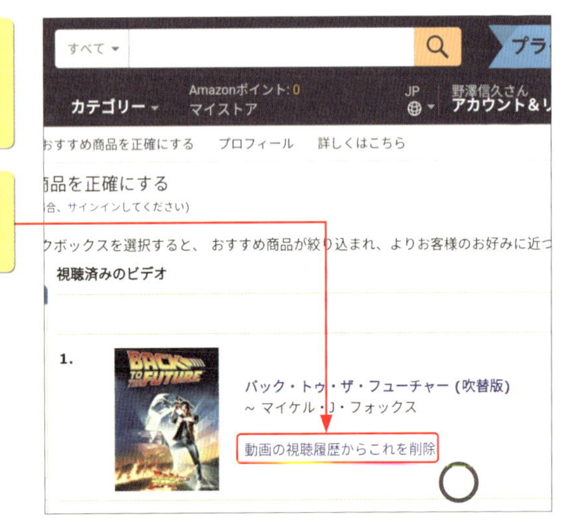

出演者情報を見る

動画を選んで◉を押し、動画の詳細情報を表示すると、画面下部に出演者が表示されます。任意の出演者を選んで◉を押すと、その出演者の情報やほかの出演作品を見ることができます。

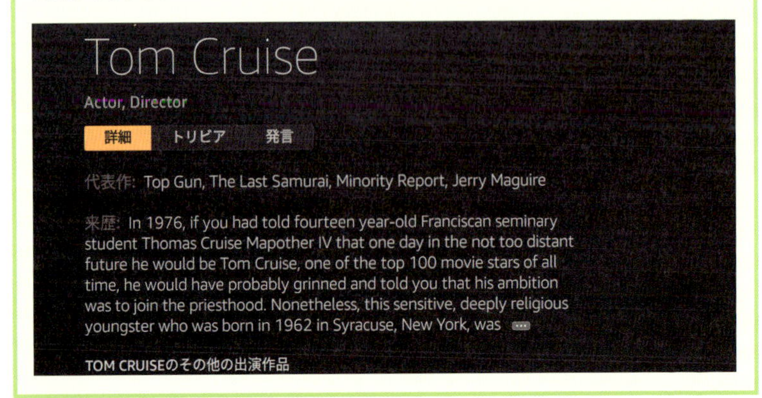

◆第3章◆

無料アプリやゲームを使い倒そう

Section 25

Fire TVで使えるアプリを手に入れよう

アプリをインストールすれば、動画以外のさまざまなコンテンツをテレビ上で利用することができます。なお、Amazon Fire TVの種類や世代により、利用できないアプリがあります。

1 「アプリ」メニューの各画面

注目

はじめに表示される画面です。注目のアプリやエディターのピックアップアプリなどを表示します。人気のアプリを探したいときに利用しましょう。

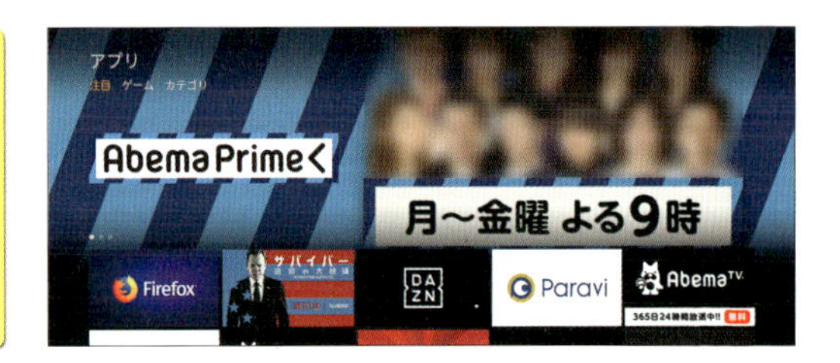

ゲーム

無料のゲームアプリを見つけたり、「アーケード」や「アクション・シューティング」など、ジャンル別にゲームを探したりすることができます。

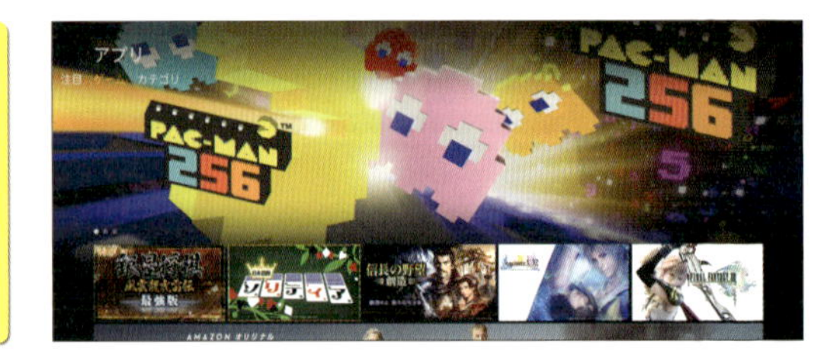

カテゴリ

「キッズ」や「クッキング・レシピ」など、カテゴリ別にアプリを探すことができます。Fire TVとFire TV Stickでは、表示されるカテゴリが少々異なります。

2 アプリをダウンロードする

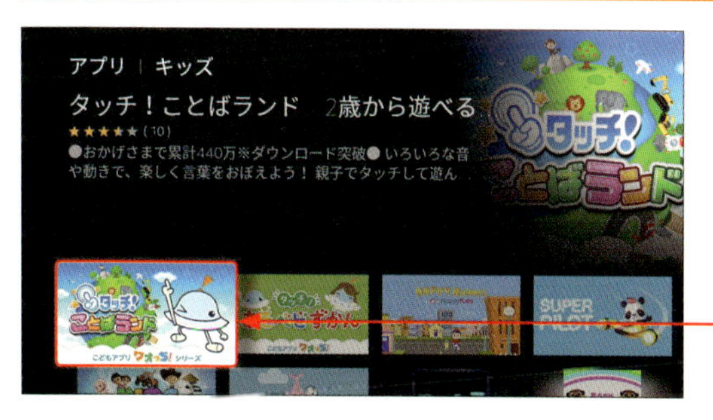

❶ 「アプリ」画面でアプリを選んで◎を押します。

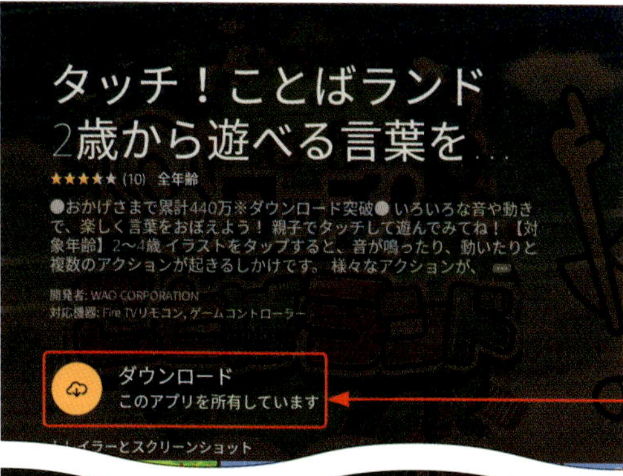

❷ アプリの詳細な情報が表示されます。カスタマーレビューやアプリ内課金の有無、対応機器などを確認できます。

❸ ＜ダウンロード＞を選んで◎を押します。

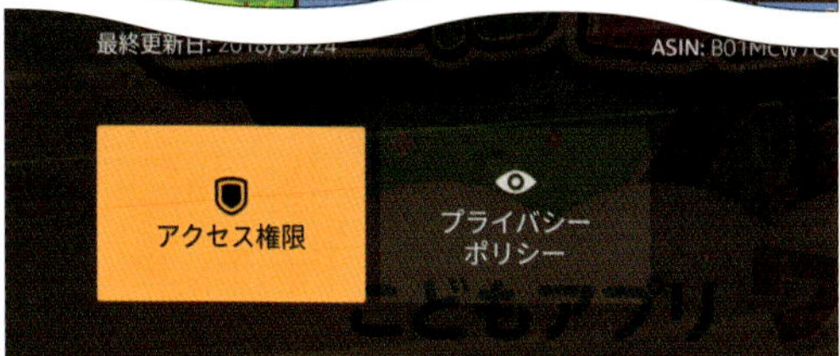

Memo 有料アプリ

アプリには、無料でダウンロードできるものと、有料でダウンロードするものがあります。また、ダウンロードは無料でも、アプリ内で課金をするアプリもあります。アプリを選んだ際、タイトルの下に価格が表示されるものが有料アプリです。

Section 26

アプリを起動／終了しよう

アプリの起動／終了方法を説明します。また、ダウンロードしたアプリは「マイアプリ&ゲーム」に追加されるため、検索する必要がありません。入手したすべてのアプリは「アプリとゲーム」画面（Sec.28）で確認できます。

1 アプリを起動／終了する

❶ P.67を参考にアプリをダウンロードし、<開く>を選んで◉を押します。

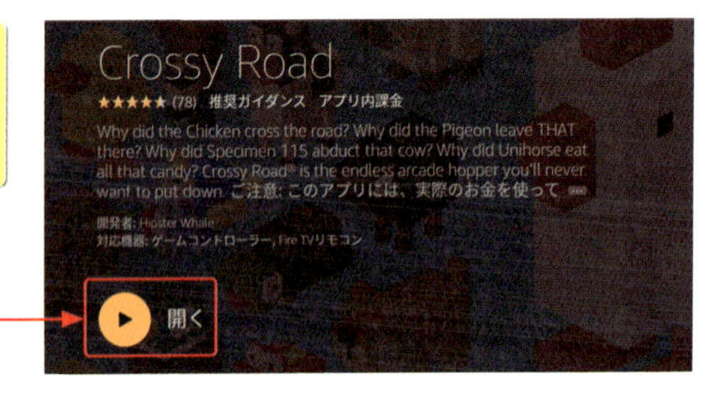

❷ アプリが起動します。

❸ ⌂ボタンを押すと、アプリが終了します。

❹ 確認画面が表示される場合は、画面の指示に従って操作します（ここでは、<ホーム>を選んで◉を押します）。

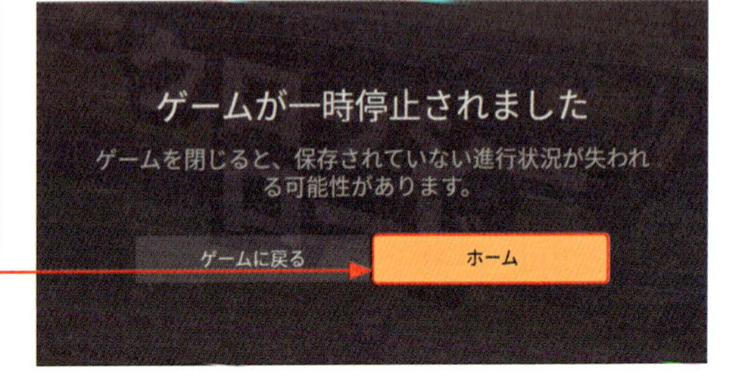

2 「マイアプリ&ゲーム」からアプリを起動する

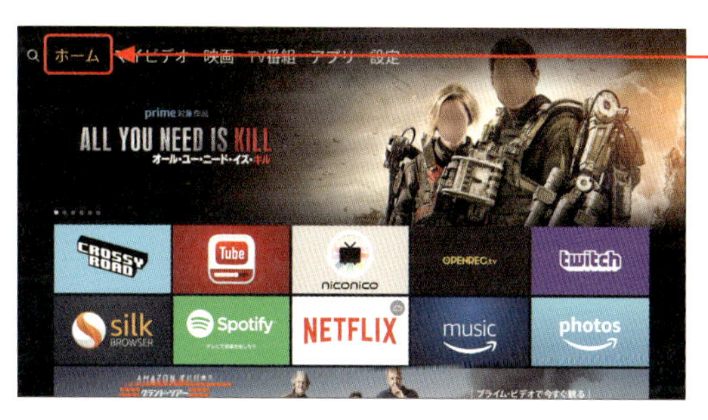

❶ ＜ホーム＞を選んで、

❷ 「マイアプリ＆ゲーム」でアプリを選んで◉を押すと、アプリが起動します。

アプリの「詳細な情報」を表示する

アプリを選んで◉を押すと、初回以外は左ページ手順❶の「詳細な情報」画面を経ずにアプリが起動するようになります。「詳細な情報」を確認したいときは、アプリを選んで⊜ボタンを押し、＜詳細な情報＞を選んで◉を押します。

第3章 無料アプリやゲームを使い倒そう

Section 27

アプリを検索しよう

アプリを探し出すには、「アプリ」画面の「カテゴリ」画面や「検索」画面からの検索が便利です。アプリの使用目的が決まっている場合は「カテゴリ」画面を、キーワードで検索する場合は「検索」画面を使用しましょう。

1 「アプリ」画面の「カテゴリ」から探す

❶ 「アプリ」画面で<カテゴリ>を選んで◉を押します。

❷ 任意のカテゴリを選んで◉を押します。

❸ 選んだカテゴリに該当するアプリが一覧で表示されます。

2 「検索」画面から探す

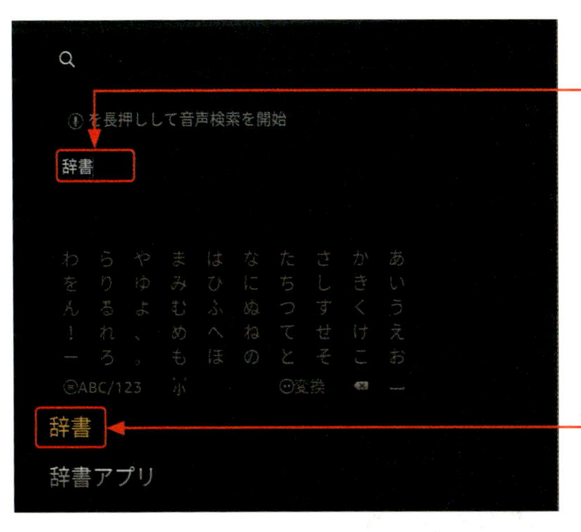

❶ 「検索」画面でキーワードを入力し（または、P.42を参考に音声入力をし）、

❷ キーワード候補を選んで◉を押します。

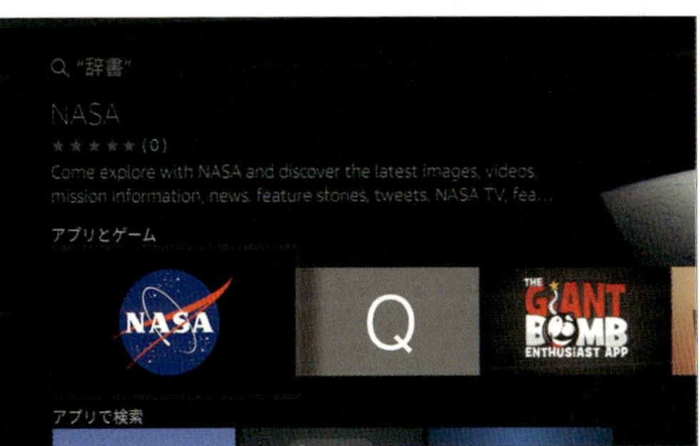

❸ キーワードに関連するアプリやゲームが表示されます。

スマートフォンやパソコンからのアプリ検索

Amazon公式サイトにアクセスすると、スマートフォンやパソコンからAmazon Fire TV対応アプリを検索することができます。また、アプリの中には、Fire TVとFire TV Stickの片方のみ対応しているものや、旧世代端末に対応していないものがあります。Amazon公式サイトでは、スマートフォンやiPhone、パソコンから各端末に対応したアプリを検索し、Amazon Fire TVへ配信し、「アプリとゲーム」画面に追加することも可能です（Sec.28、37参照）。

入手したアプリをお気に入り順に並べ替えよう

入手したアプリは、お気に入り順に並べ替えることができます。アプリを選んで⊜ボタンを押し、＜移動＞または＜前に移動＞を選び◉を押すことで「アプリとゲーム」画面が開きます。

1 アプリの配置を変更する

❶ ホーム画面の「マイアプリ＆ゲーム」でアプリを選び、

❷ ⊜ボタンを押し、

❸ ＜移動＞を選んで◉を押します。

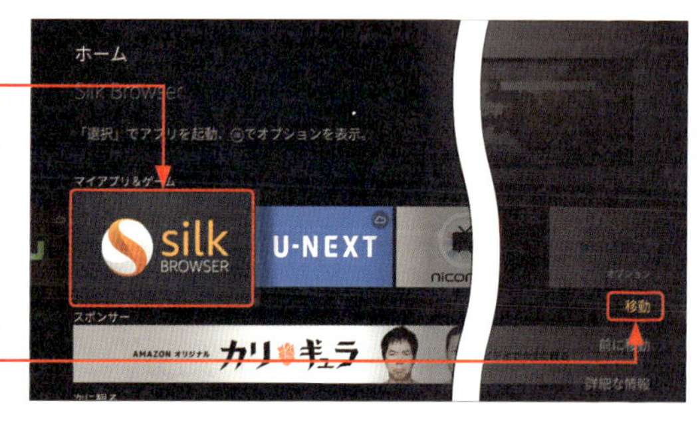

❹「アプリとゲーム」画面が開きます。

❺ ＜ナビゲーション＞で移動したい場所にアプリを移動し、◉を押します。

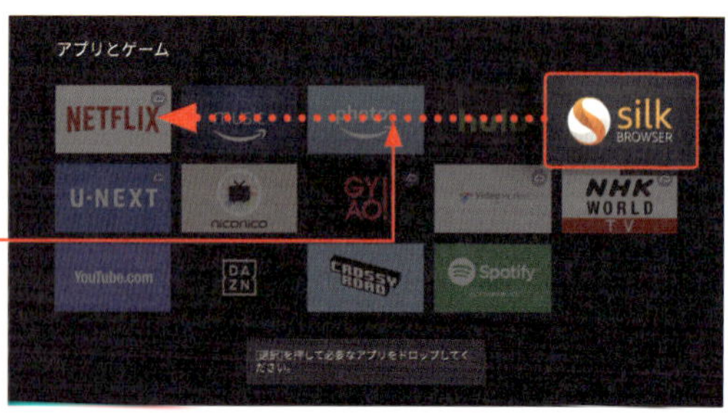

❻ アプリの配置が変更されます。

2 アプリを先頭に移動する

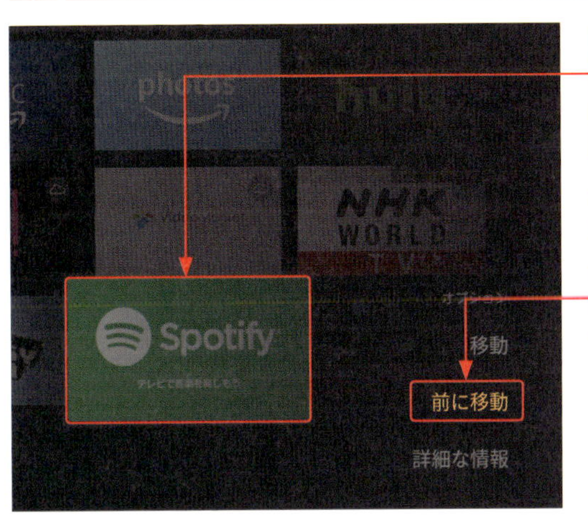

❶ 下の Memo を参考に「アプリとゲーム」画面を開いて、アプリを選び、

❷ ☰ボタンを押し、

❸ ＜前に移動＞を選んで◉を押します。

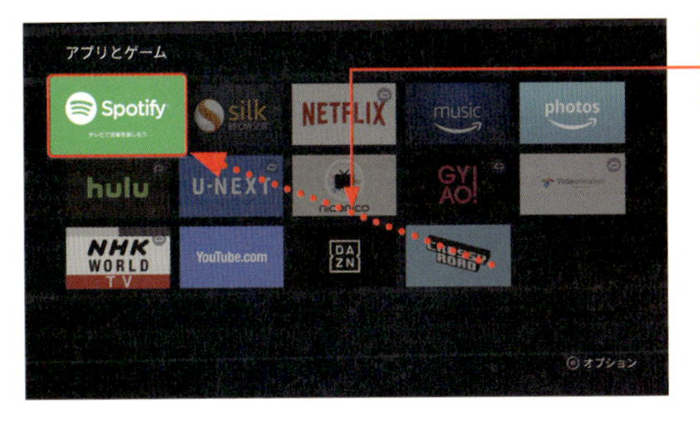

❹ アプリが最前（左上）に移動します。

「アプリとゲーム」画面をショートカットで開く

⌂ボタンを長押しし、＜アプリ＞を選んで◉を押すと、「アプリとゲーム」画面をすぐに開くことができます。⌂ボタンの長押しで表示される画面からは、スリープを開始したり、「設定」画面の表示を行ったりすることもできます。

Section 29

アプリをアンインストールしよう

インストールしたあと使わなくなったアプリは、アンインストールしてFire TVのストレージの空き容量を増やしましょう。アンインストール後もアプリのデータはクラウド上に保存されるので、再び利用することも可能です。

1 アプリをアンインストールする

❶ ホーム画面の「マイアプリ＆ゲーム」でアプリを選びます。

❷ ボタンを押し、

❸ <アンインストール>を選んで◉を押します。

❹ アプリがアンインストールされます。

❺ アンインストールしたアプリは、「マイアプリ＆ゲーム」や「アプリとゲーム」画面に表示されますが、右上に☁が表示されるようになります。

2 データをクラウドから削除する

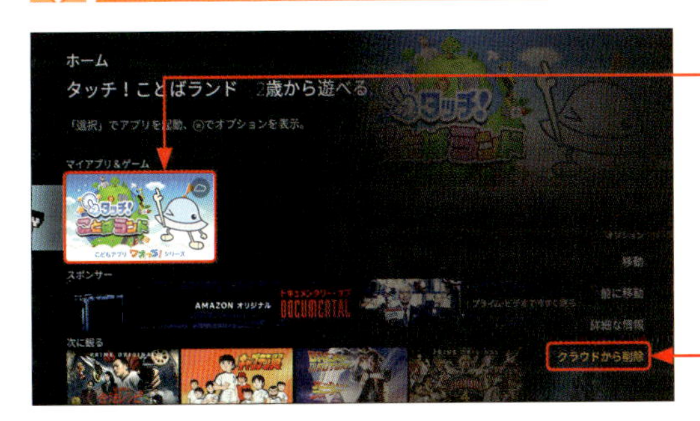

❶ アンインストールしたアプリを選び、

❷ ≡ボタンを押し、

❸ <クラウドから削除>を選んで◎を押します。

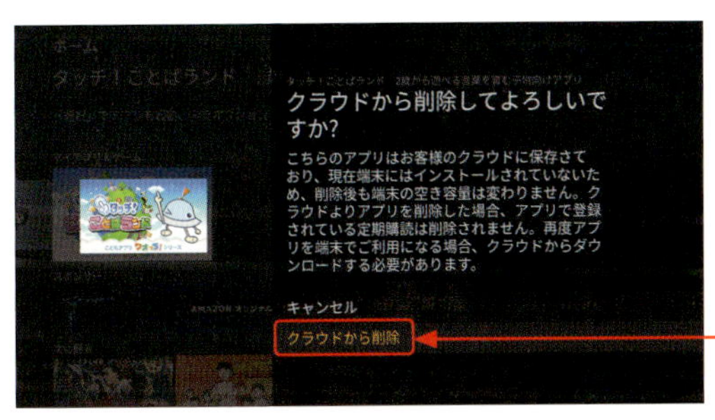

❹ 確認後、<クラウドから削除>を選んで◎を押します。

❺ アプリが「マイアプリ&ゲーム」や「アプリとゲーム」画面に表示されなくなります。

アプリの再ダウンロード

アプリをアンインストールしたあと、もう一度ダウンロードするには、「マイアプリ&ゲーム」や「アプリとゲーム」画面（P.73Memo参照）からアプリを選び、再度ダウンロードします。また、アプリをアンインストールし、かつクラウドから削除した場合、そのアプリは「アプリとゲーム」画面や「マイアプリ&ゲーム」に表示されなくなります。もう一度アプリをダウンロードするには、Sec.27を参考にアプリを検索して再ダウンロードします。

Section 30

YouTubeの無料動画を楽しもう

ここでは「vTube for YouTube」アプリでYouTubeを利用します。このアプリはFire TV Stickに未対応のため、Fire TV Stickの場合は「YouTube」アプリ（アイコンの表記は「YouTube.com」）を使用してください。

1 「vTube for YouTube」で動画を観る

❶ P.70を参考にアプリを検索し、

❷ 「vTube for YouTube」アプリを選んで◉を押します。

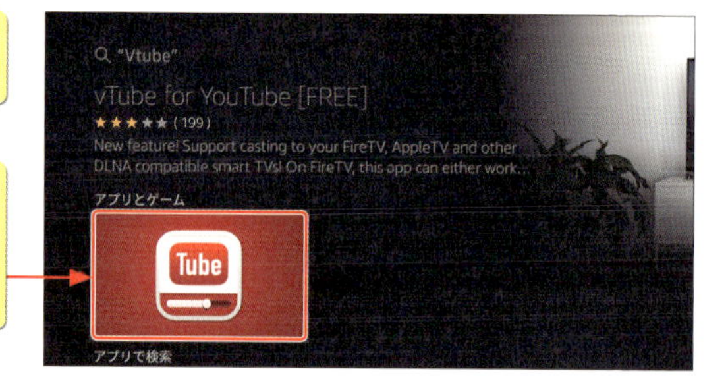

❸ P.67を参考にアプリをダウンロードし、

❹ <開く>を選んで◉を押します。

❺ ◉を押します。

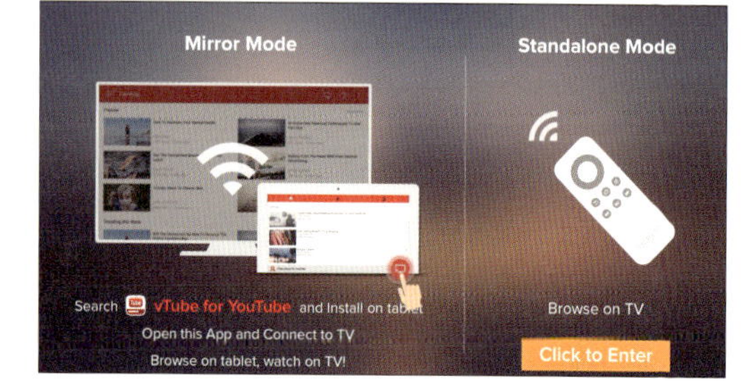

❻ ここでは＜後で＞を選んで◉を押します。

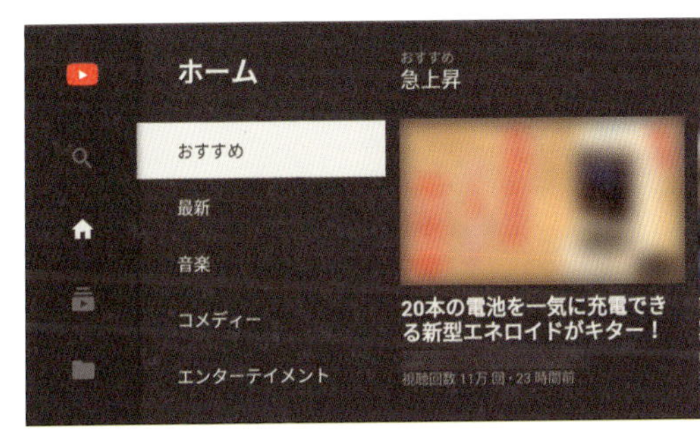

❼ YouTube の画面が表示されます。

❽ 動画を選んで◉を押します。

❾ ⮌ボタンを押すと、手順❽の画面に戻ります。

2 YouTubeにログインする

チャンネル登録や再生リストなどの機能を利用するには、YouTube にログインする必要があります。Google のライセンス認証ページ（youtube.com/activate）にアクセスし、「vTube for YouTube」アプリに表示される認証コードを入力して機能制限を解除します。

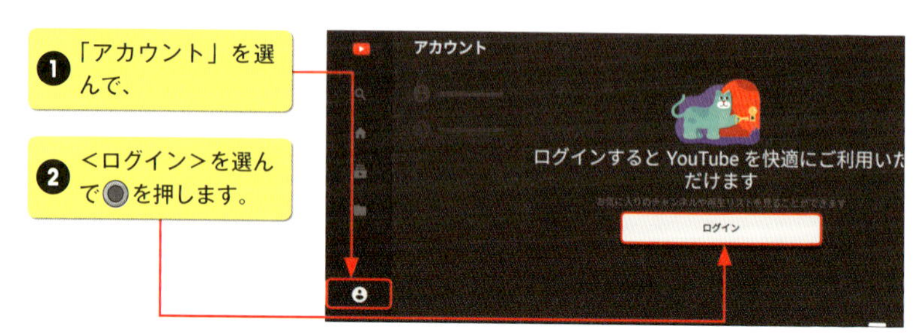

❸ 表示された URL（youtube.com/activate）にアクセスし、

❹ 認証コードを入力し、画面の指示に従ってログインします。

3 スマートフォンで探した動画をテレビで再生する

スマートフォンをテレビとリンクさせて、より快適に動画を探しましょう。テレビ（「vTube for YouTube」アプリ）に表示されるテレビコードを、スマートフォンの「YouTube」アプリに入力することで、スマートフォンで探した動画をテレビで再生することができます。

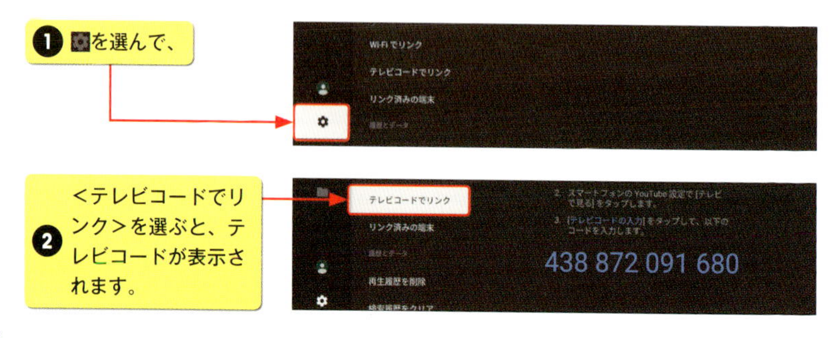

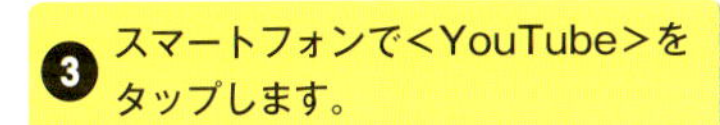

❸ スマートフォンで<YouTube>をタップします。

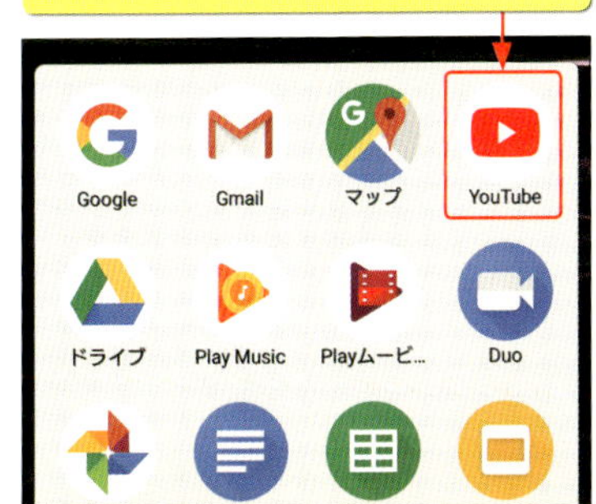

❹ アカウントのアイコンをタップします。

❺ <設定>をタップします。

❻ <テレビで見る>をタップします。

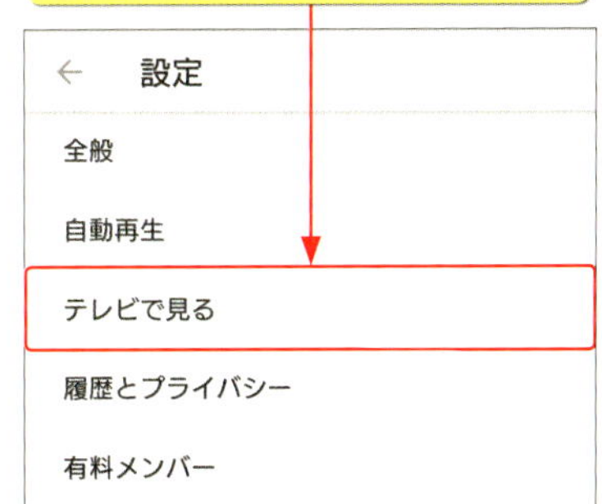

❼ <テレビコードを入力>をタップします。

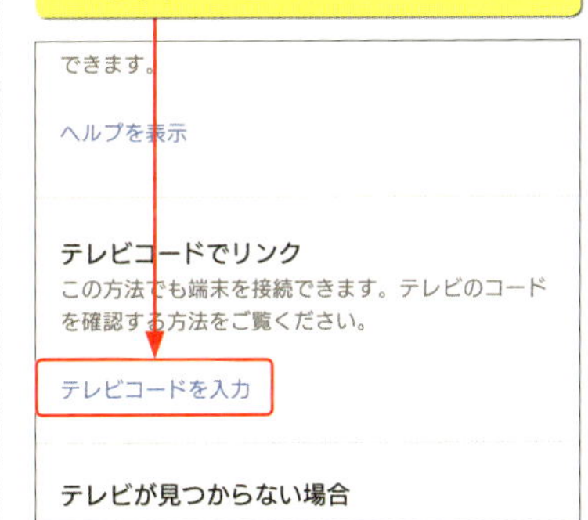

❽ 手順❷の画面に表示されたテレビコードを入力し、

❾ <リンク>をタップします。

Section 31

ニコニコ動画の無料配信を視聴しよう

「niconico」アプリでは、ニコニコ動画で配信される生放送や投稿動画を視聴することができます。生放送を視聴するには、ニコニコ動画の無料会員登録を行う必要があります。

1 配信中の生放送を観る

❶「niconico」アプリを選んで◉を押します。

❷ P.67を参考にアプリをダウンロードし、

❸ ＜開く＞を選んで◉を押します。

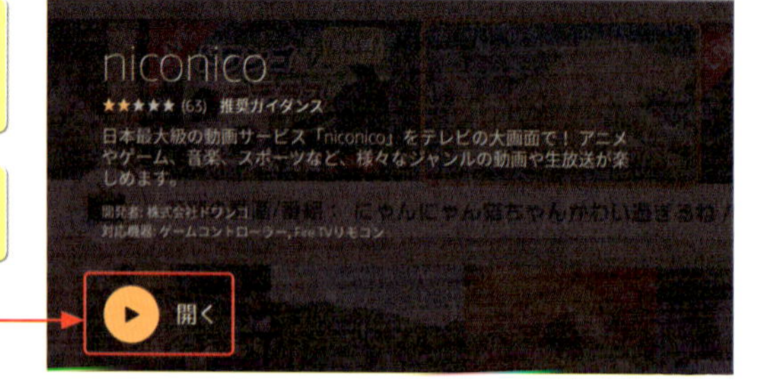

❹ ◉を押します。

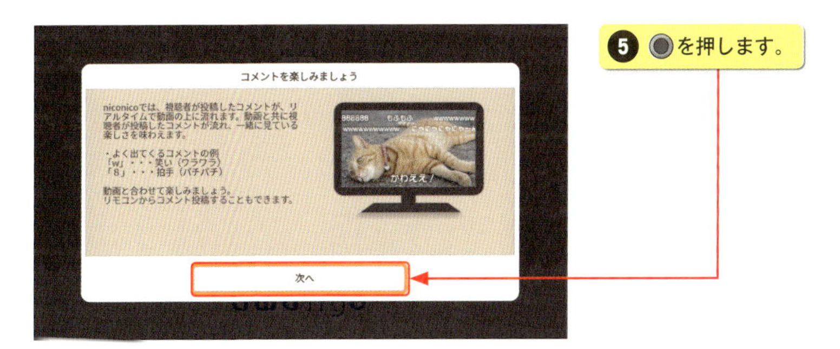

5 ◉を押します。

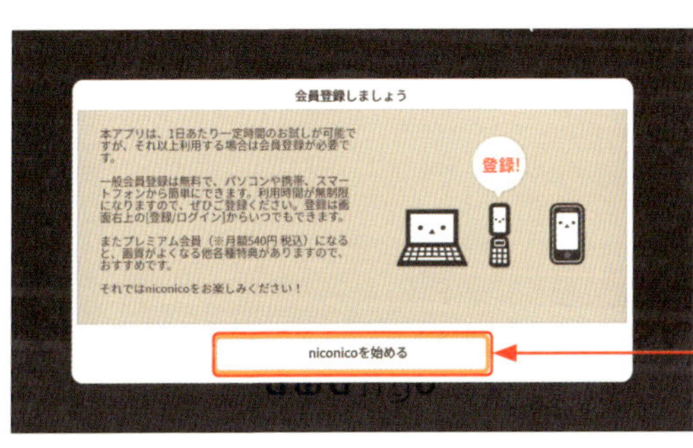

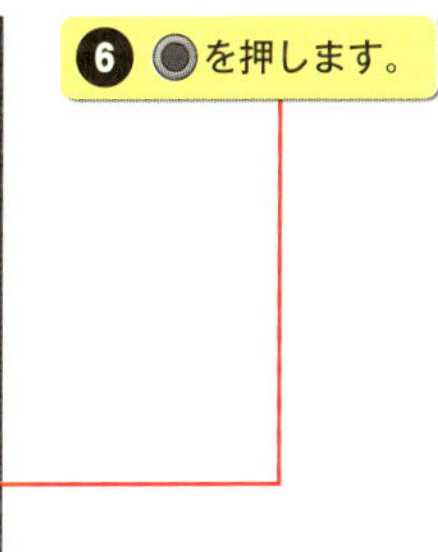

6 ◉を押します。

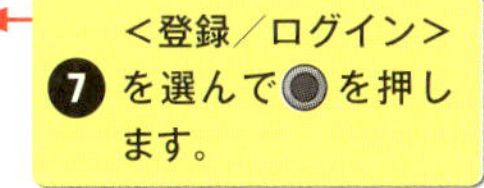

7 ＜登録／ログイン＞を選んで◉を押します。

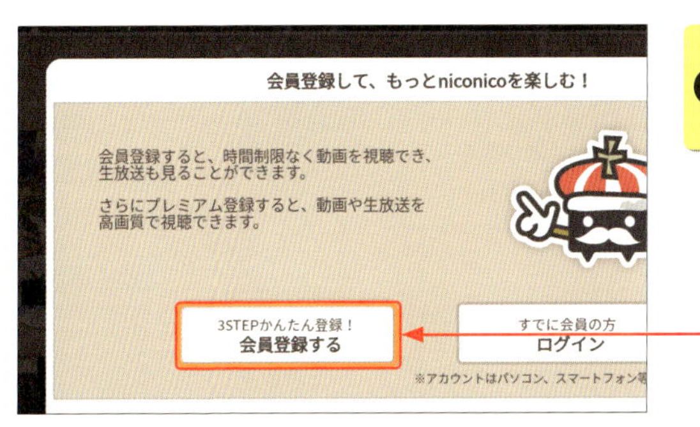

会員登録して、もっとniconicoを楽しむ！
会員登録すると、時間制限なく動画を視聴でき、生放送も見ることができます。
さらにプレミアム登録すると、動画や生放送を高画質で視聴できます。
3STEPかんたん登録！
会員登録する
すでに会員の方
ログイン

8 ここでは、＜会員登録する＞を選んで◉を押します。

第3章 無料アプリやゲームを使い倒そう

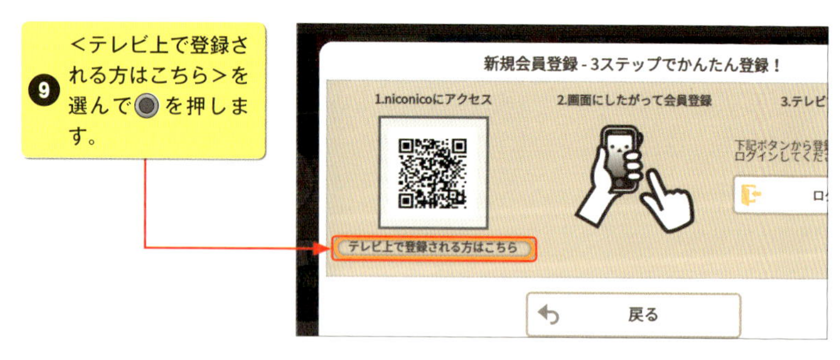

❾ <テレビ上で登録される方はこちら>を選んで◎を押します。

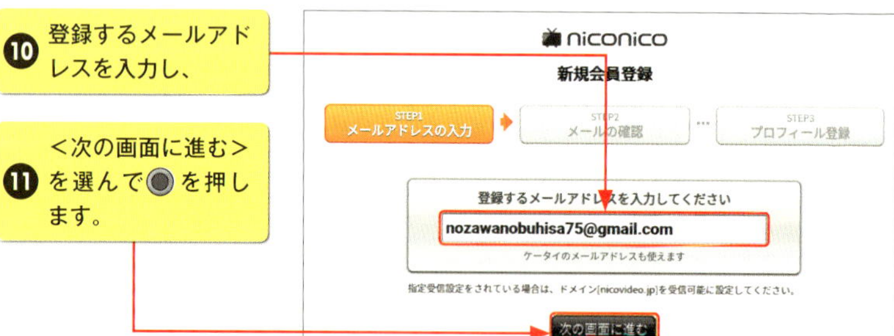

❿ 登録するメールアドレスを入力し、

⓫ <次の画面に進む>を選んで◎を押します。

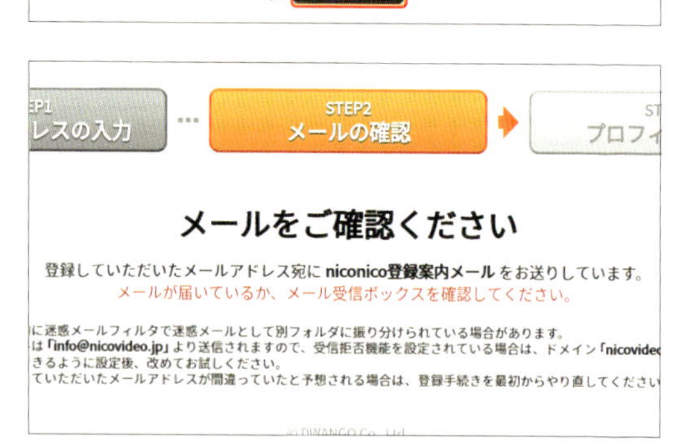

⓬ 手順❿で入力したメールアドレス宛にメールが送信されます。

⓭ メール上に記載されたURLへアクセスし、会員登録を行います。

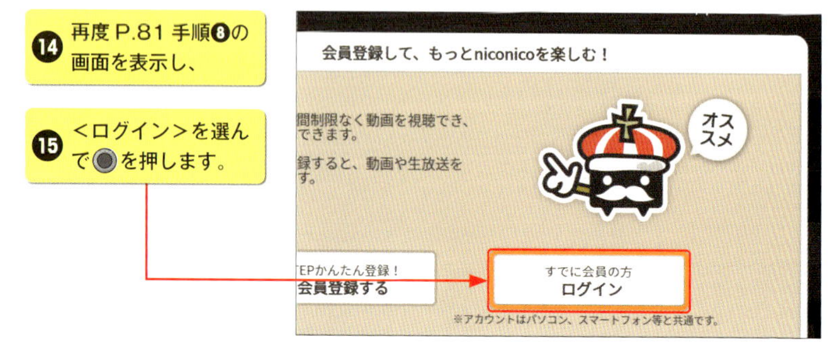

⓮ 再度P.81手順❽の画面を表示し、

⓯ <ログイン>を選んで◎を押します。

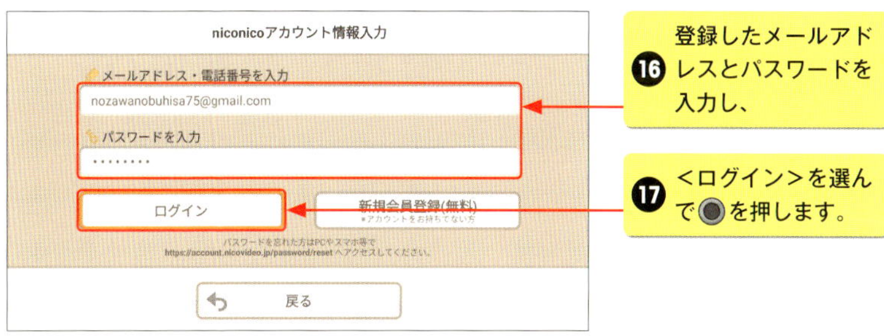

⑯ 登録したメールアドレスとパスワードを入力し、

⑰ <ログイン>を選んで◉を押します。

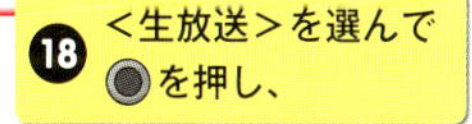
⑱ <生放送>を選んで◉を押し、

⑲ 配信中の生放送番組を選んで◉を押します。

⑳ <ナビゲーション>の上下を押すと、詳細や再生リスト、コントローラーを表示できます。

プレミアム会員登録

ニコニコ動画でプレミアム会員登録（月額税込540円）を行うと、動画の画質向上や生放送優先視聴、「とりあえずマイリスト」の件数上限増加などの特典を受けることができます。

インターネットテレビを楽しもう

インターネットテレビとは、インターネット上で配信される番組放送です。ここでは例として、豊富なチャンネルを無料で観ることができる「AbemaTV」のサービスを紹介します。

1 「AbemaTV」で番組を視聴する

「AbemaTV」は、ニュースや生放送、エンターテインメントなどのさまざまな番組を放送する約30チャンネルを、24時間無料で提供するインターネットテレビ局です。「AbemaTV」アプリをダウンロードすれば、会員登録をせず、すぐに番組を視聴することができます。

1 「AbemaTV」アプリを選んで◉を押します。

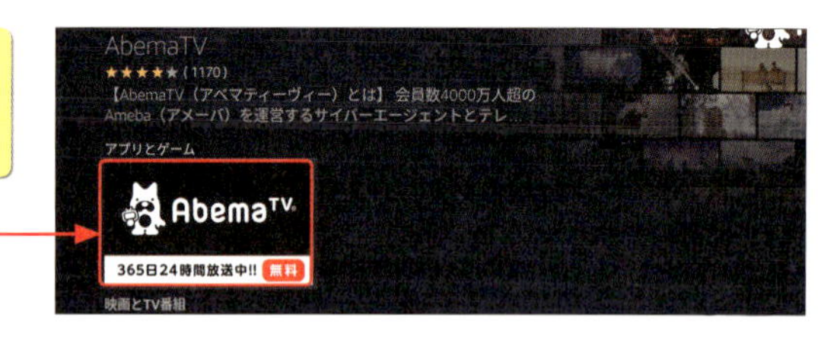

2 P.67を参考にアプリをダウンロードし、

3 ＜開く＞を選んで◉を押します。

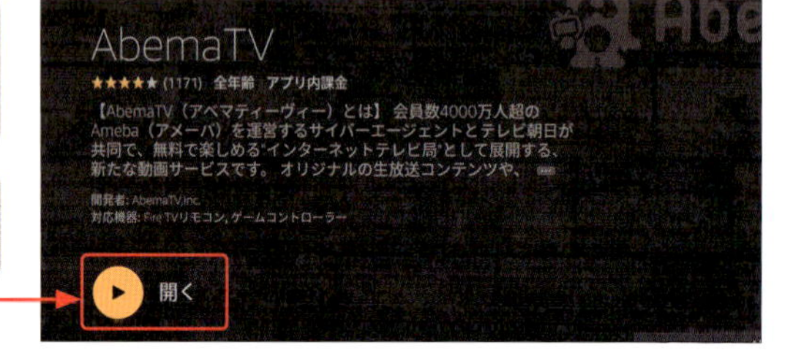

4 初回起動時はチュートリアルが表示されます。

5 ⌂ボタン以外のリモコンのボタンを押します。

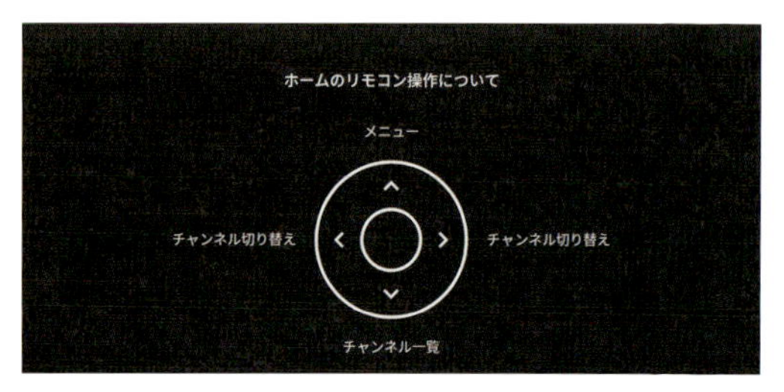

❻ <ナビゲーション>の下を押すと、視聴するチャンネルを一覧から選ぶことができます。

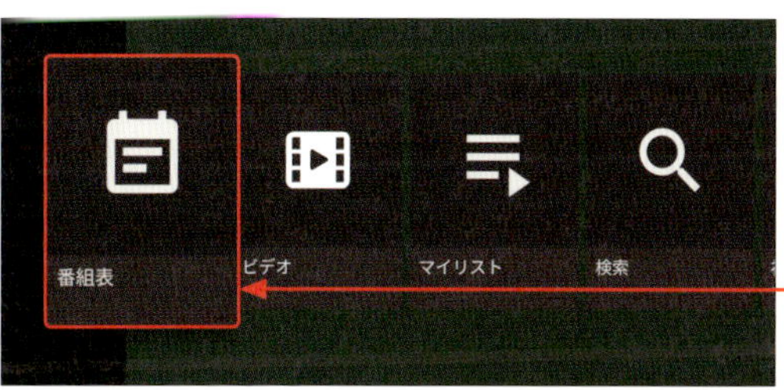

❼ <ナビゲーション>の上を押すと、「メニュー」が表示されます。

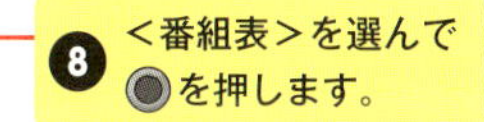

❽ <番組表>を選んで◎を押します。

❾ ◎を長押しします。

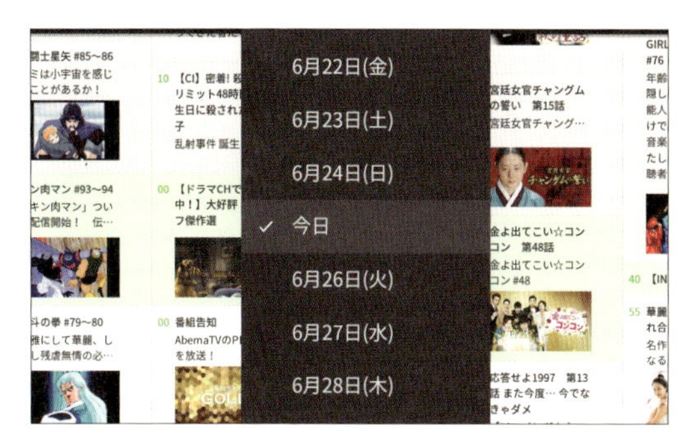

❿ 番組表の日にちを変更することができます。

2 「Abemaビデオ」で見逃した番組を視聴する

「Abema ビデオ」は、「AbemaTV」のビデオ・オン・デマンドです。「AbemaTV」の見逃した番組を観ることができます。ただし、見逃し視聴対象外の番組や有料の番組もあるため、注意が必要です。プレミアムプラン（月額税込 960 円）では、有料の番組が見放題（一部視聴期限あり）になります。

❶ P.85 手順❼を参考に「メニュー」を表示します。

❷ ＜ビデオ＞を選んで◉を押します。

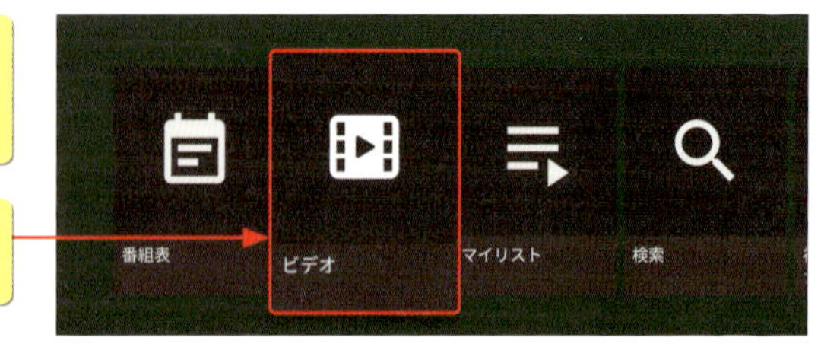

❸ 「Abema ビデオ」画面が表示されます。

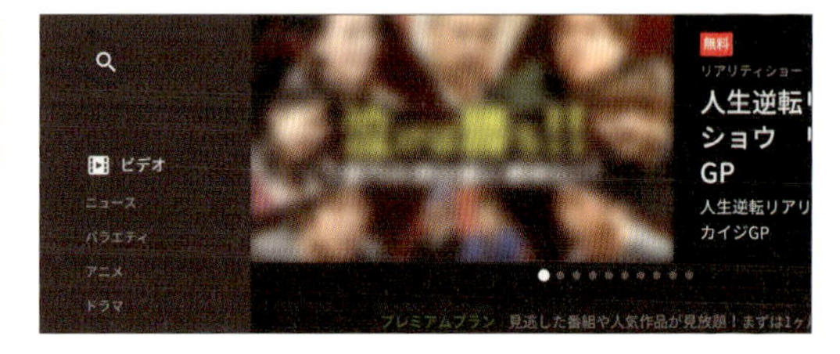

❹ カテゴリを選びます。

❺ ＜無料のみ表示＞を選んで◉を押すと、無料の番組のみ表示されます。

3 番組を検索／マイビデオに追加する

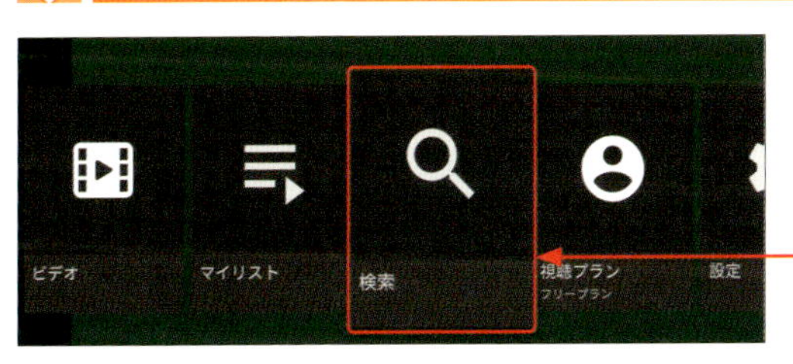

❶ P.85 手順❼を参考に「メニュー」を表示します。

❷ ＜検索＞を選んで◉を押します。

❸ 検索ボックスを選びます。

❹ キーワードを入力し、

❺ ⏯ボタンを押します。

❻ 番組を選んで◉を押します。

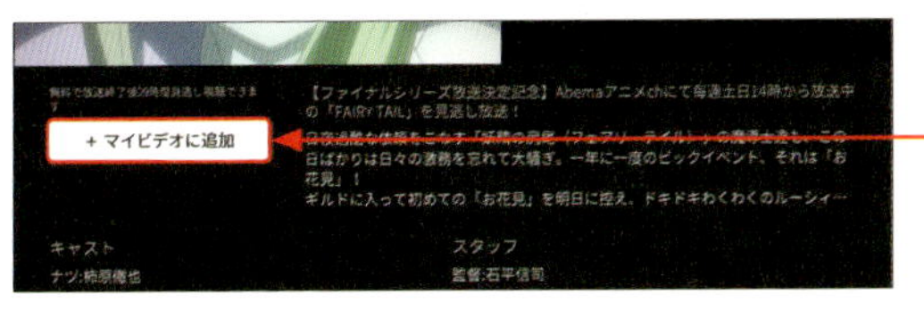

❼ ＜マイビデオに追加＞を選んで◉を押します。

Yahoo!JAPANの動画を観よう

「GYAO!」アプリはYahoo! JAPANが提供する動画アプリです。テレビ番組やアニメ、映画、音楽が無料で観られます。「AbemaTV」同様、会員登録は不要です。

1 「GYAO!」で番組を視聴する

「GYAO!」アプリは Yahoo! JAPAN のサービスで、ヤフー株式会社が株式会社 GYAO と協力して運営する動画アプリです。約 80,000 本の動画を指定期間中、無料で観ることができます。ドラマやアニメのような複数話で構成される動画も、定期更新配信や一挙配信で全編を無料で観られます。「GYAO!」アプリをダウンロードすれば、Yahoo! JAPAN 会員登録をせずに番組をすぐに視聴できますが、ログインをすると視聴履歴やウォッチリストの利用ができるようになります。

❶「GYAO!」アプリを選んで◉を押します。

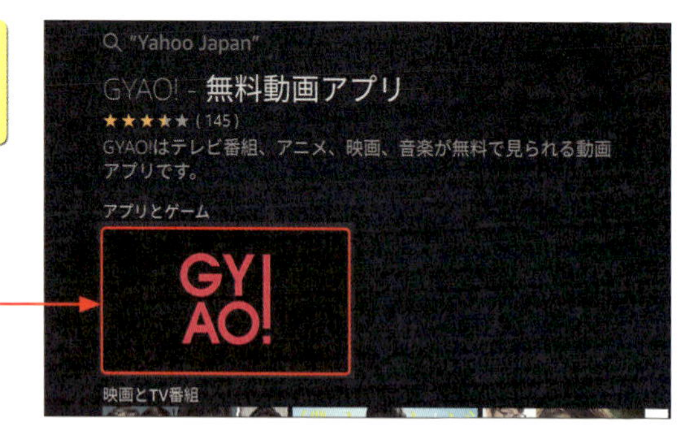

❷ P.67 を参考にアプリをダウンロードし、

❸ <開く>を選んで◉を押します。

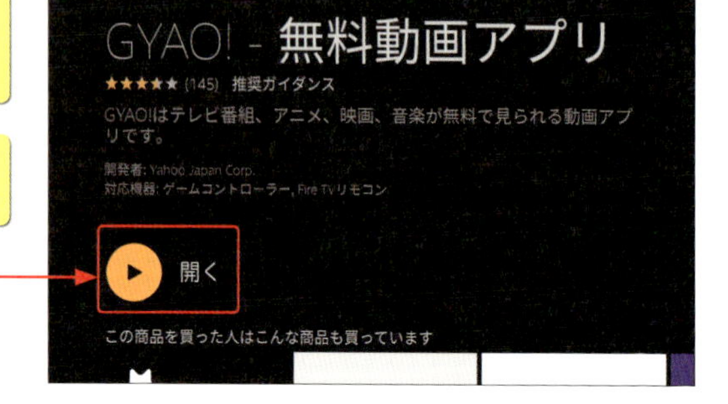

❹「GYAO!」アプリが起動します。

❺<ナビゲーション>の右を押すと、メニューバーが表示されます。

❻ジャンルを選びます。

❼動画を選んで◉を押すと、動画を観ることができます。

2 サブジャンルで観たい動画を絞り込む

❶ ジャンルを選びます。

❷ 画面のいちばん下を表示します。

❸ 任意のサブジャンルを選んで◉を押します。

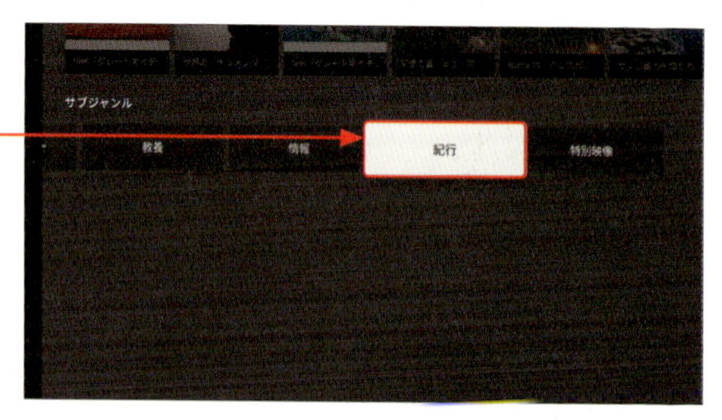

❹ 選んだサブジャンルに該当する動画が一覧で表示されます。

❺ 動画を選んで◉を押すと、動画が再生されます。

第3章 無料アプリやゲームを使い倒そう

3 キッズモードに切り替える

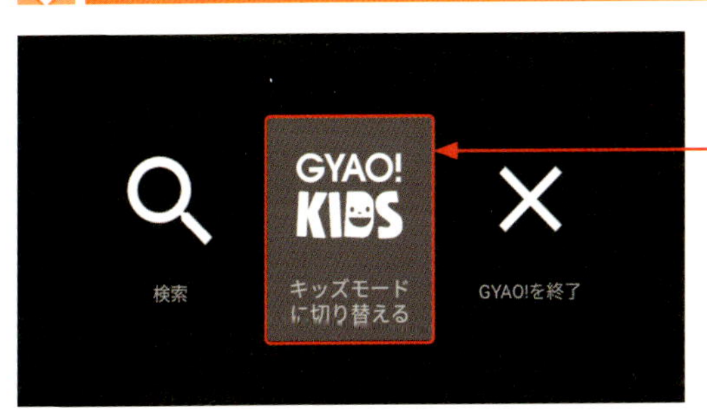

❶ ボタンを押し、

❷ <キッズモードに切り替える>を選び◉を押します。

❸ ジャンルを選びます。

❹ 動画を選んで◉を押すと、再生がはじまります。

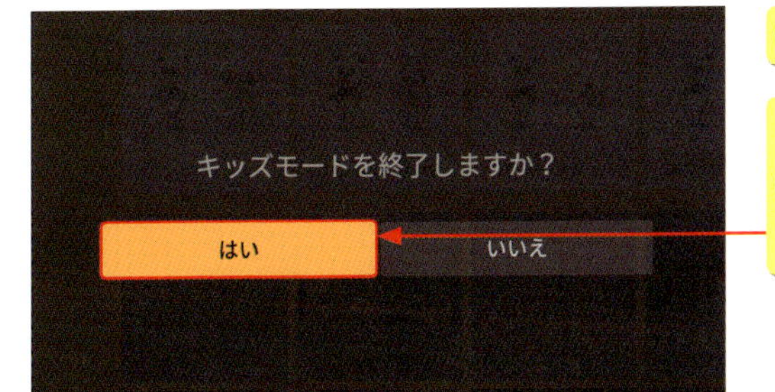

❺ ボタンを押し、

❻ <はい>を選んで◉を押すと、キッズモードを終了します。

Section 34

ゲーム実況を楽しもう

Amazon Fire TVでは、ゲーム実況も楽しめます。「Twitch」アプリではゲーム実況を観たり、ほかのユーザーのコメントやリアクションを楽しんだり、ゲーム別にチャンネルを探したりすることができます。

1 Twitchにサインインする

「Twitch」アプリでは、サインインをしなくても動画を観ることができます。お気に入りの配信者をフォローしたり、チャットにスタンプを送信したりするには、Twitchに会員登録をしてログインする必要があります。「Twitch」アプリのトップ画面で<サインイン>を選び、コードを表示します。Twitchのライセンス認証ページ（http://twitch.tv/activate）にアクセスしてログインまたは会員登録をし、コードを入力して機能制限を解除します。

❶「Twitch」アプリを選んで◎を押します。

❷P.67を参考にアプリをダウンロードし、

❸<開く>を選んで◎を押します。

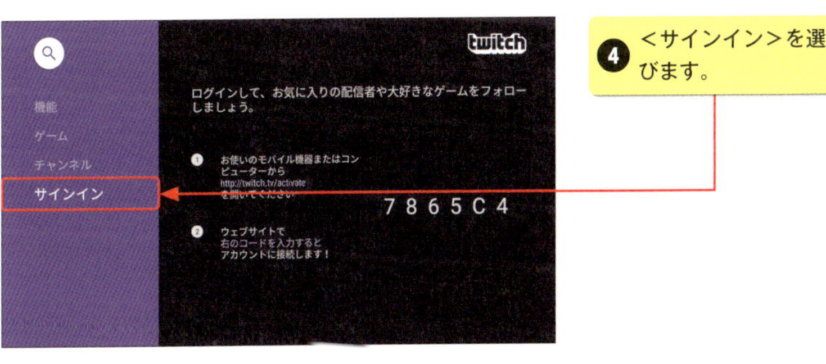

❹ <サインイン>を選びます。

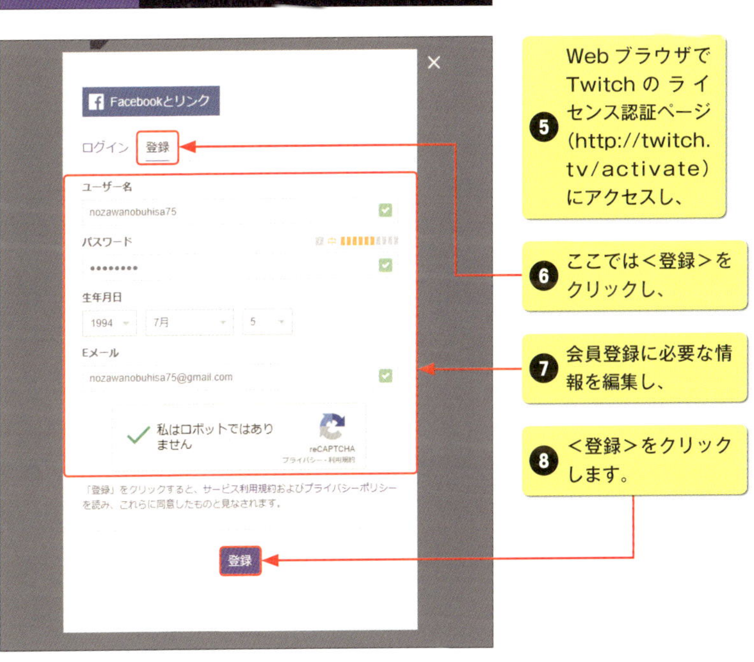

❺ WebブラウザでTwitchのライセンス認証ページ（http://twitch.tv/activate）にアクセスし、

❻ ここでは<登録>をクリックし、

❼ 会員登録に必要な情報を編集し、

❽ <登録>をクリックします。

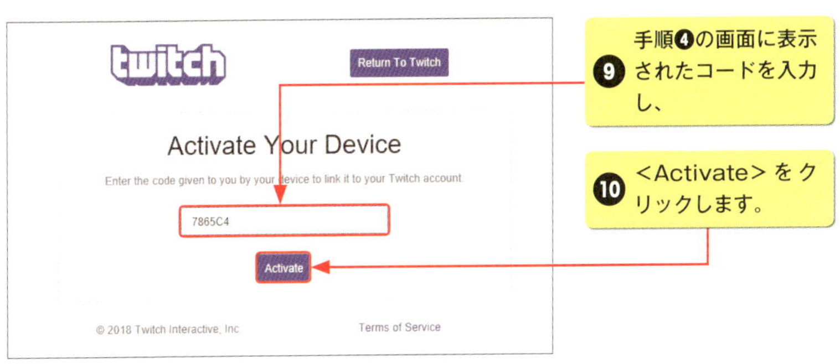

❾ 手順❹の画面に表示されたコードを入力し、

❿ <Activate>をクリックします。

2 人気のチャンネルを観る

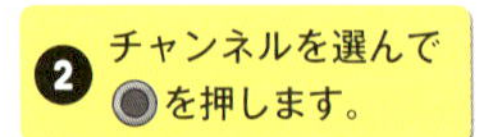

❷ チャンネルを選んで◉を押します。

❸ ライブ配信を視聴できます。

❹ <スタンプの送信>を選んで◉を押します。

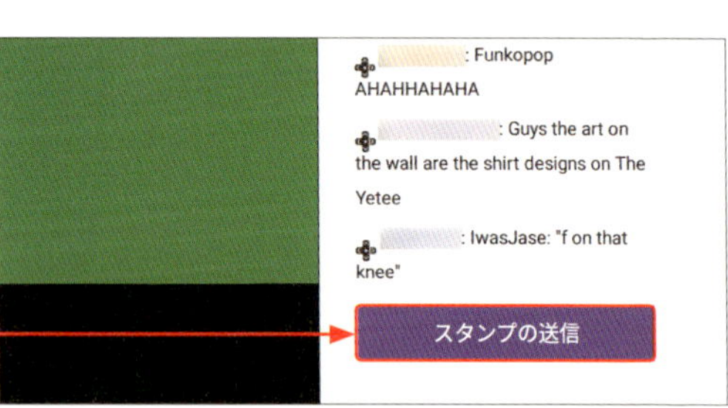

❺ 任意のスタンプを選んで◉を押し、

❻ <送信>を選んで◉を押します。

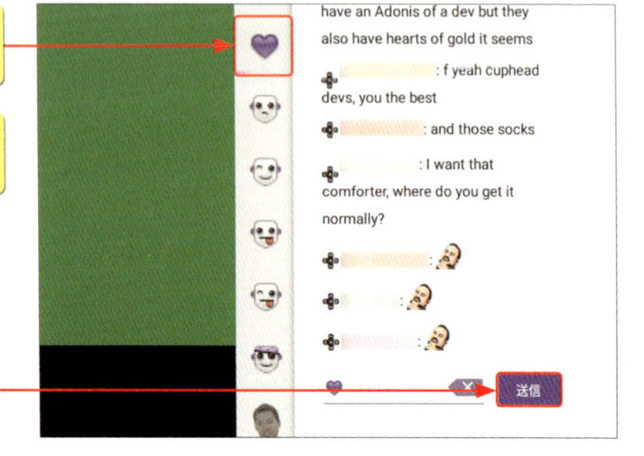

3 ゲームやチャンネルをフォローする

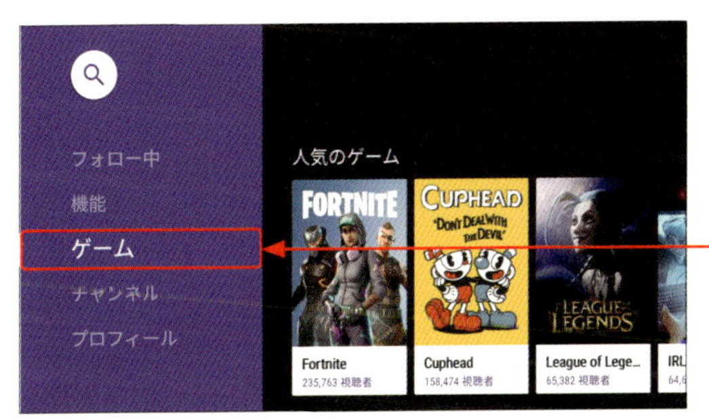

❶ ここでは<ゲーム>を選びます。

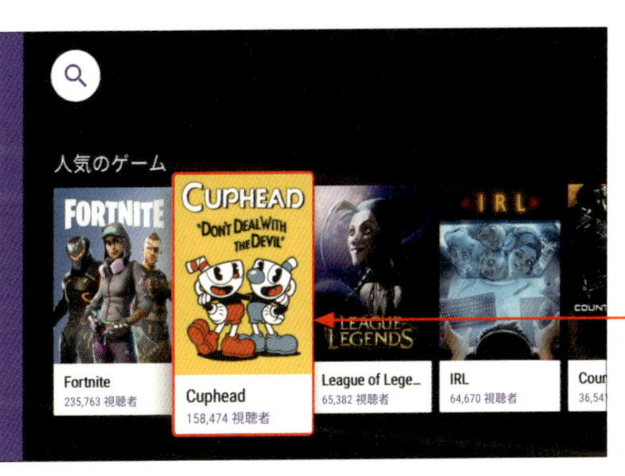

❷ フォローするゲームを選んで◉を押します。

❸ <フォロー>を選んで◉を押します。

解像度の変更

視聴画面で⚙を選んで◉を押すと、品質オプションが表示され、動画の解像度を選ぶことができます。

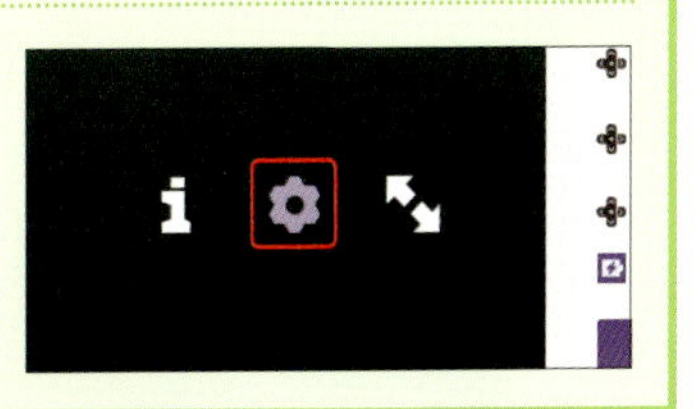

Section 35 生活やビジネスに役立つアプリを活用しよう

Amazon Fire TVには、動画を観るアプリやゲームアプリだけではなく、生活やビジネスなど実生活に使えるアプリもあります。ここでは、「クッキング・レシピ」・「教育・学習」カテゴリの中から紹介します。

1 「cookpadTV」アプリでレシピと番組を観る

❶ 「カテゴリ」画面で<クッキング・レシピ>を選んで◎を押します。

❷ <cookpadTV>を選んで◎を押します。

❸ P.67を参考にアプリをダウンロードし、

❹ <開く>を選んで◎を押します。

❺ プロの料理家やシェフによるレシピや番組を観ることができます。

第3章 無料アプリやゲームを使い倒そう

2 「TED TV」アプリで優れたプレゼンテーションを見る

「TED TV」アプリとは、世界中の知識人による講演を Amazon Fire TV で見られるアプリです。「TED TV」アプリをダウンロードすれば、会員登録をせず、すぐに動画を視聴することができます。

また、プレゼンテーションは英語で行われますが、日本語字幕を付けることができます。ただし、最新のプレゼンテーションなど、一部の動画は日本語字幕に未対応の場合があります。

❶ 「カテゴリ」画面で＜教育・学習＞を選んで◎を押します。

❷ 「TED TV」アプリを選んで◎を押します。

❸ P.67 を参考にアプリをダウンロードし、

❹ ＜開く＞を選んで◎を押します。

❺ 豊富な種類のプレゼンテーションを見ることができます。

第3章 無料アプリやゲームを使い倒そう

Section 36

ゲームをプレイしよう

ゲーム機やゲームソフトがなくても、Amazon Fire TVでテレビゲームを楽しむことができます。ここでは、音声認識リモコンで遊べる無料ゲームアプリを一部紹介します。

1 無料でプレイできるゲームアプリ

「Stranger Things:The Game」

Netflix制作のドラマ「Stranger Things」を謎解きアクションRPG化したものです。音声認識リモコンを横向きに使用します。Fire TVのみ対応しています。

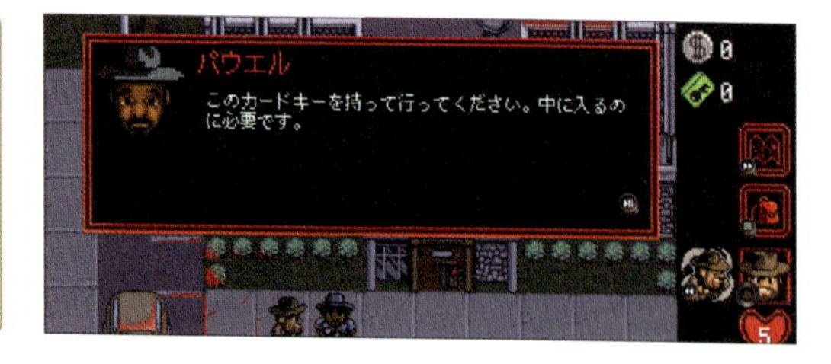

「ホバークラフト：テイクダウン」

銃やレーザーなどを装備した、自分だけのホバークラフトを作成し走らせることができるコンバットレースゲームです（アプリ内課金あり）。

「じいさんとゾンビ」

限られた条件や操作の中で、ゾンビから「じいさん」を逃がすシミュレーションパズルゲームです。ステージごとに難易度が上がっていきます。Fire TVのみ対応しています。

「Reversi」

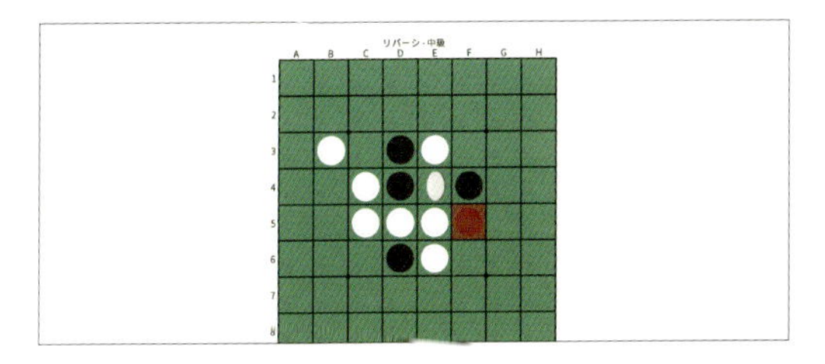

2人のプレイヤーが交互に石を打ち、相手より自分の石の色を増やすボードゲームです。難易度は「初級」「中級」「上級」「最上級」から選択できます。

「Space Inversion 2TV」

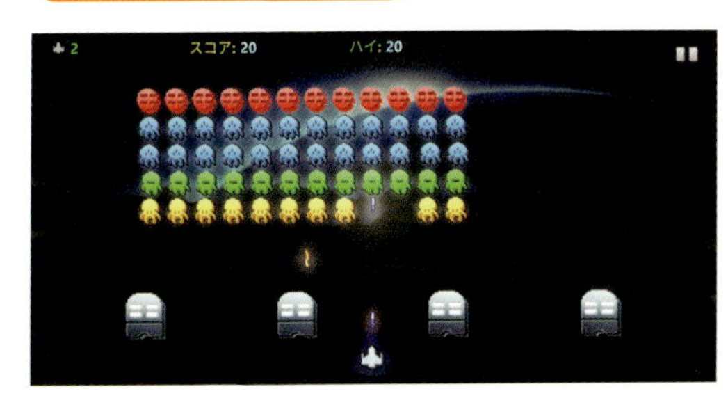

上空から迫りくるインベーダーを撃退するシューティングゲームです。課金をすると、ゲームスタイルやグラフィックスタイルをカスタマイズできます（アプリ内課金あり）。

「Crossy Road」

タイミングを見て障害物をかわしながら進み、走行距離を競うゲームです。音声認識リモコンの「ナビゲーション」だけで操作できます（アプリ内課金あり）。

「PAC-MAN256」

ゴーストに捕まらないようにしながら、アイテムを駆使して倒すゲームです。ゴーストだけでなく、画面下部から迫るバグに追いつかれないように逃げる必要があります（アプリ内課金あり）。

Section 37

Fire TV Stick対応のゲームを探そう

WebブラウザからAmazon公式サイトにアクセスし、Fire TV Stick対応ゲームアプリだけに絞り込んで検索を行うことができます。また、WebブラウザからAmazon Fire TVにアプリを配信することが可能です。

1 Fire TV Stick対応ゲームだけを検索する

❶ Webブラウザで「Fire TV対応アプリ（全機種を含む）」（https://www.amazon.co.jp/b?ie=UTF8&node=3573602051）を開き、

❷ <Fire TV Stick (New モデル)>をクリックしてチェックを付けます。

❸ Fire TV Stick（第2世代）対応アプリのみ表示されます。

❹ ダウンロードするアプリをクリックします。

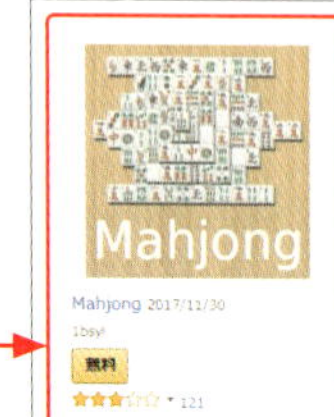

U-NEXT／ユーネクスト 映画・ドラマ・アニメを楽しもう！
2018/7/26
U-NEXT Co.,Ltd.
無料

Infiniball (TV Edition)
2017/11/24
Ammonite Design Studios Ltd
¥ 585

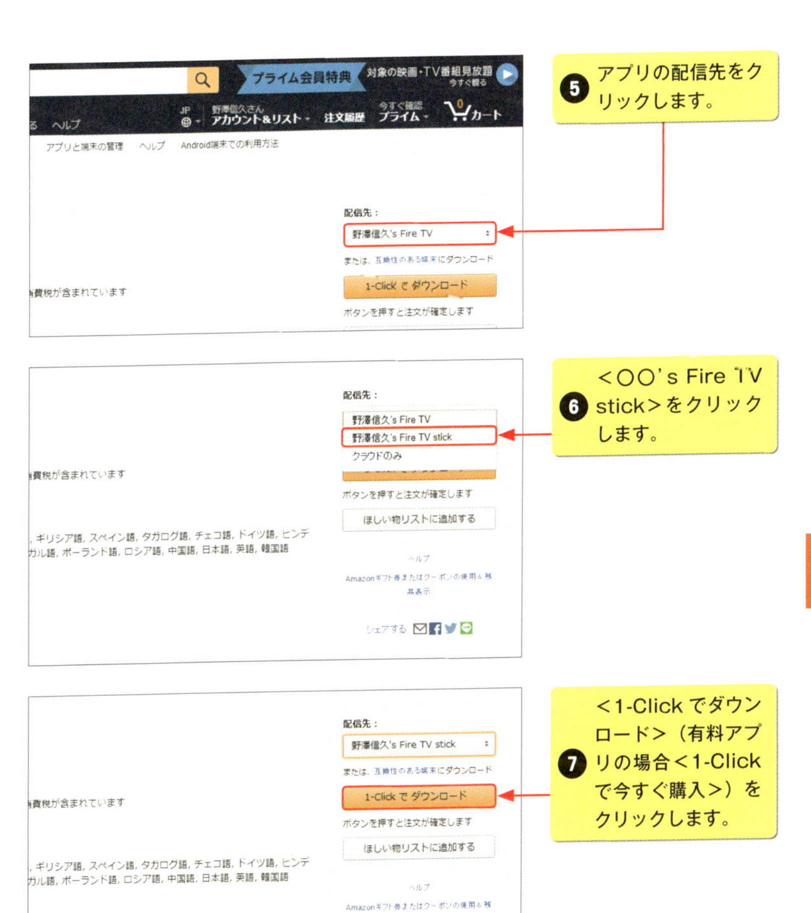

購入したアプリ

Webブラウザから購入しAmazon Fire TVへ配信したアプリは、Amazon Fire TVの「アプリとゲーム」画面からアクセスできます。「アプリとゲーム」画面の表示方法は、Sec.28を参照してください。

Section 38

ゲームコントローラーでもっとゲームを楽しもう

Amazon Fire TVは、Bluetooth接続コントローラーやUSB接続コントローラーでもゲームを操作することができます。なお、コントローラーによっては使用できないアプリがあります。

1 ゲームコントローラー対応ゲームだけを検索する

❶ Webブラウザで「Fire TV対応アプリ（全機種を含む）」（https://www.amazon.co.jp/b?ie=UTF8&node=3573602051）を開き、

❷ ここでは、<ゲーム>と入力して検索します。

❸ <Fireゲームコントローラー>をクリックしてチェックを付けます。

❹ ゲームコントローラーに対応したアプリが表示されます。

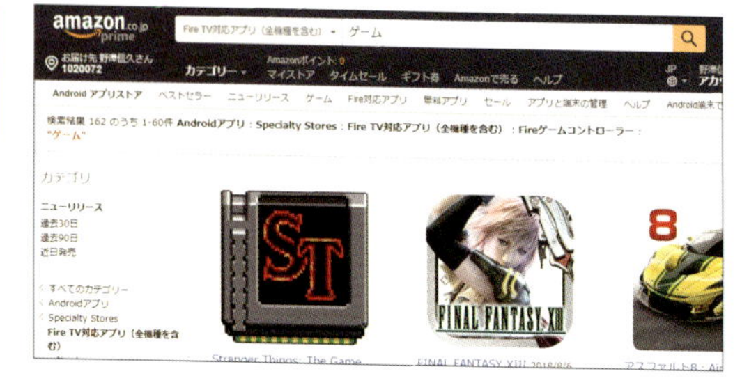

2 コントローラーを利用できるアプリ Ⅱ

「Dead System」

さまざまな形態のメカにトランスフォームし、視界に入ったものをすべて打ち抜いていくSFシューティングゲームです（ダウンロード無料）。

「Drift Mania:Street Outlaws Lite」

日本、スイスアルプス、砂漠など世界中を舞台に、スリリングなストリートレースに挑戦できるゲームです（ダウンロード無料、アプリ内課金あり）。

「Terraria」

建築、探索、戦闘など、ゲームの世界を自由に楽しむことができるサンドボックスゲームです。ダウンロードには税込613円が必要です。

「FINAL FANTASY Ⅲ」

RPGゲーム『ファイナルファンタジー』シリーズ3作目です。ダウンロードには税込1,400円が必要です。

インストールしたアプリをスマホからワンボタンで呼び出そう

Sec.12で紹介したスマートフォンアプリ「Amazon Fire TV リモコンアプリ」(iPhoneの場合は「Amazon Fire TV Remote」アプリ)から、インストールしたアプリをワンタッチで起動してみましょう。

1 「Amazon Fire TV リモコンアプリ」でアプリを起動する

❶ ホーム画面で<Fire TV>をタップします。

❷ ▦(iPhoneの場合は▦)をタップします。

❸ アプリをタップすると、Amazon Fire TV 上でアプリが起動します。

❹ 自動でリモコン画面に戻ります。

◆第 4 章◆

有料動画配信サービスを利用しよう

Section 40

Fire TVで有料動画を視聴しよう

無料動画だけでなく、有料動画配信サービスが提供する動画も、テレビの大きな画面で楽しみましょう。スマートフォンと併用することで、より快適にサービスを利用することが可能です。

1 有料動画配信サービスについて

たくさんの映画やドラマを観たい人や、スポーツやアニメ、海外作品などをもっと楽しみたいという人は、有料動画配信サービスを利用するとよいでしょう。毎月定額を支払うことで、対象のコンテンツを好きなだけ楽しむことができます。なお、サービスによっては、課金することでサービス対象外のコンテンツを利用できるものもあります。また、ほとんどすべてのサービスがスマートフォンやタブレットにも対応しているため、出先の空いた時間などにも動画を楽しむことができるようになります。本書では、以下の7つの有料動画配信サービスについて解説します。

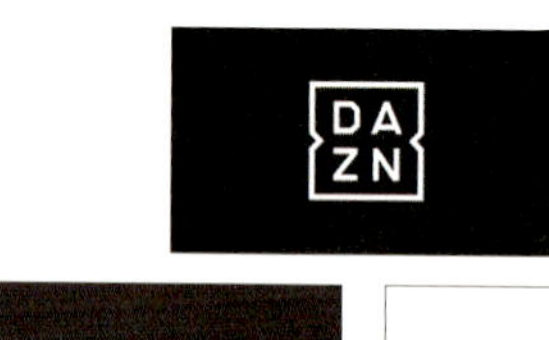

会員登録について

サービスによっては、アプリ上で会員登録をすることができないため、Silkブラウザやスマートフォンやパソコンのwebブラウザを利用して会員登録をする必要があります。パソコンやスマートフォンを手元に用意しておくと、スムーズに会員登録をすることができるでしょう。

Section 41

動画配信サービスの選び方

下記の比較表を参考に、自分に合ったサービスを選びましょう。各サービスには初回無料おためし期間があるため、実際にサービスを使ってみてから選択することができます。

1 有料動画配信サービスを比較する

この章で解説する、7つの有料動画配信サービスの比較表です。料金やジャンル、コンテンツ数などを比較して、最適なものを選びましょう。

	DAZN	dアニメストア	Hulu	Netflix	dTV	U-NEXT	スターチャンネル
月額料金（税抜）	1,750円	400円	933円	800～1,800円	500円	1,990円	2,300円
ジャンル	スポーツ	アニメ	映画、ドラマなど	映画、ドラマなど	映画、ドラマなど	映画、ドラマなど	映画、ドラマなど
コンテンツ数	年間7,500試合以上	2,600本以上	50,000本以上	非公開	約120,000本	120,000本以上	3チャンネル／ビデオオンデマンド
画質	HD画質	最大HD画質	HD画質	最高UHD 4K	SD画質～4K	HD画質	HD画質
同時視聴	2	1	1	1～4	1	4	1
無料おためし	初回1か月	初回31日間	初回2週間	初回1か月	初回31日間	初回31日間	初回1か月
特徴	・スポーツコンテンツの充実 ・試合のリアルタイム配信	・アニメ作品の充実 ・ダウンロード機能 ・個別課金コンテンツあり	・さまざまなジャンルの充実 ・日本初上陸作品「Huluプレミア」 ・スポーツ、ニュースなどのリアルタイム配信コンテンツ	・オリジナルコンテンツの充実 ・海外作品の充実 ・ダウンロード機能	・豊富なコンテンツ ・手頃な料金 ・ダウンロード機能	・毎月1,200円分のポイントチャージ ・雑誌読み放題 ・ダウンロード機能 ・個別課金コンテンツあり	・海外作品の充実 ・インターネットテレビ／ビデオオンデマンド ・日本語吹替専門チャンネル

スポーツ観戦専門チャンネル「DAZN」

「DAZN」アプリでは、国内外の幅広いスポーツの試合を観戦することができます。見逃した試合をハイライトで観ることができ、また、最大6デバイスで同時に再生することができるのが特徴です。

1 「DAZN」アプリの画面

「DAZN」は、月額 1,750 円（税抜）で国内外の幅広いスポーツの試合を観戦することができる定額制動画配信サービスです。ドコモユーザーは、月額980円（税抜）で利用することができます。試合をライブで観戦したり、見逃した試合をフルタイムやハイライトで観たりすることができます。

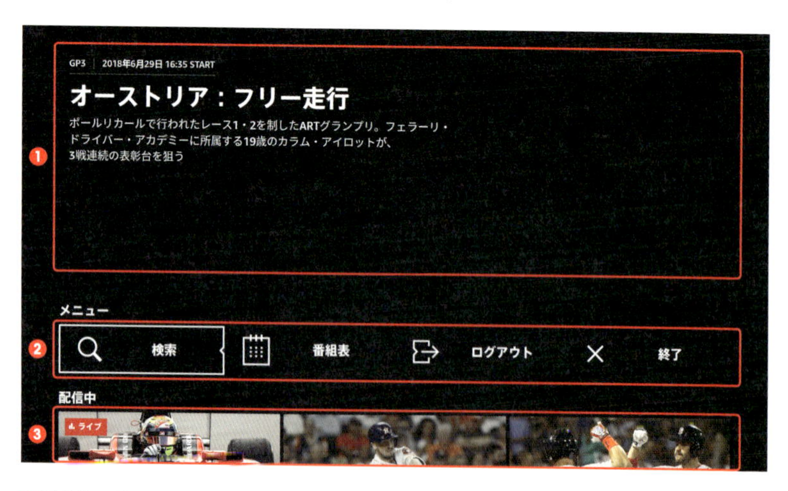

❶再生中の動画
再生中の動画が表示されます。

❷メニュー
動画の視聴中、音声認識リモコンの⏎ボタンを押すことで表示されます。「検索」画面や番組表を表示したり、ログアウトやアプリの終了を行うことができます。

❸配信中の試合、おすすめ、特集など
<ナビゲーション>の上下を押すと表示されます。リアルタイムで配信中の試合や、DAZNのおすすめ、特集の動画などを一覧で観ることができます。

番組表を見る

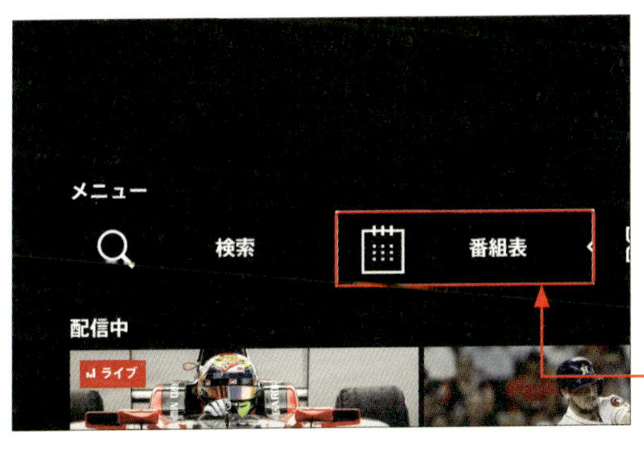

❶ P.68手順❶を参考に「DAZN」アプリをダウンロードして開き、会員登録を行います。

❷ 「ホーム」画面でボタンを押し、

❸ <番組表>を選んでを押します。

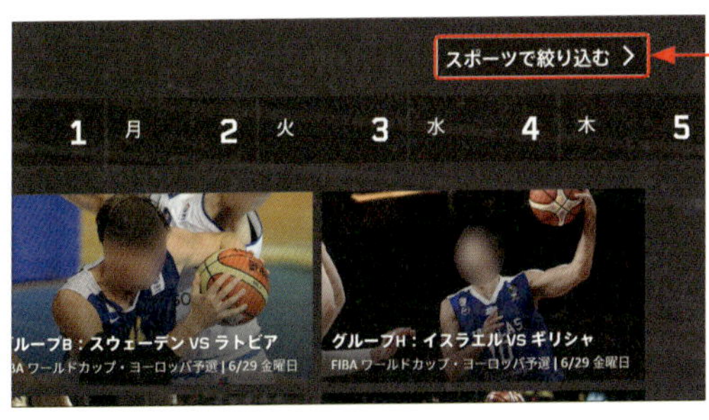

❹ <スポーツで絞り込む>を選んでを押します。

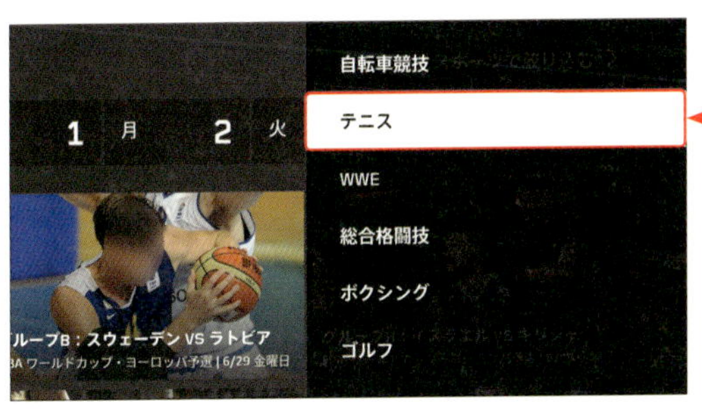

❺ ここでは<テニス>を選んでを押します。

❻ テニスの試合のみが表示されます。

3 動画を検索する

❶ ホーム画面で ⮌ ボタンを押し、

❷ <検索>を選んで ◉ を押します。

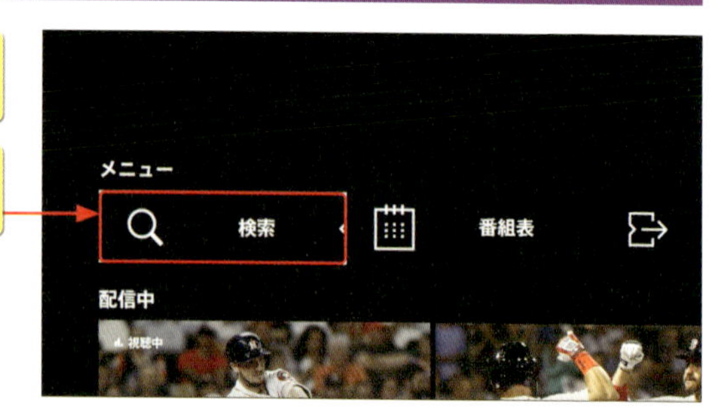

❸ キーワード（スポーツ名、リーグ名、大会名、試合名、チーム名、選手名など）を入力します。

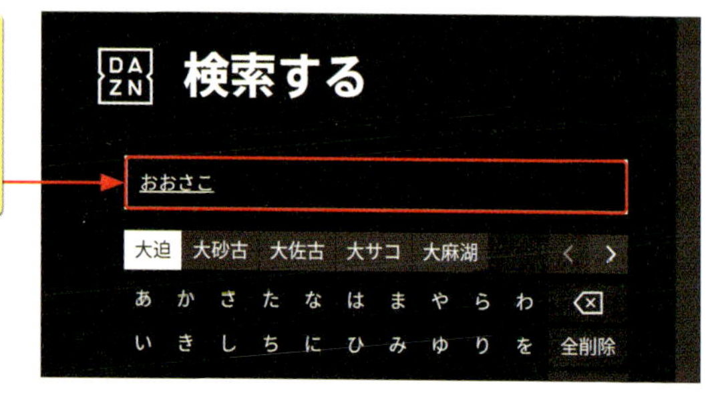

❹ キーワードに関連するスポーツ、大会、チームなどが表示されます。

❺ ここでは、<サッカー>を選んで ◉ を押します。

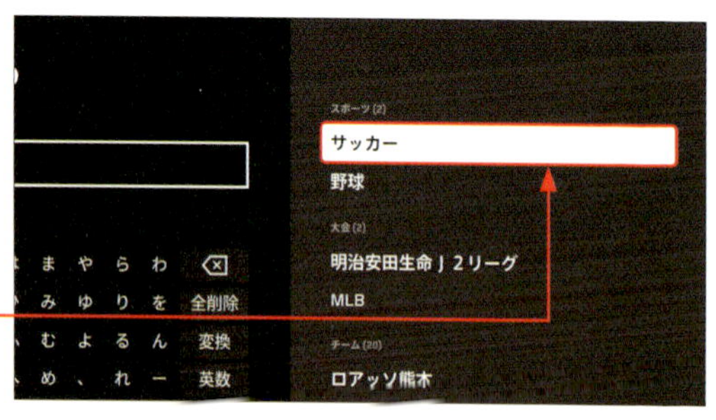

❻ 該当する動画や大会などが一覧で表示されます。

観たい試合にリマインダーを設定する

スマートフォンの「DAZN」アプリを利用し、試合開始 10 分前に通知をするように設定しましょう。なお、「DAZN」アプリは「Play ストア」や「App Store」でインストールし、ログインをしておく必要があります。また、リマインダーを設定するには、スマートフォンの設定で「DAZN」アプリの通知を許可する必要があります。

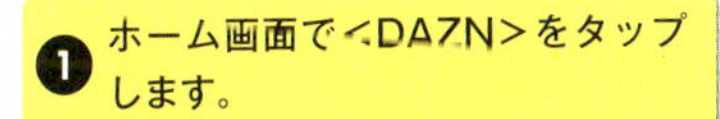

❶ ホーム画面で<DAZN>をタップします。

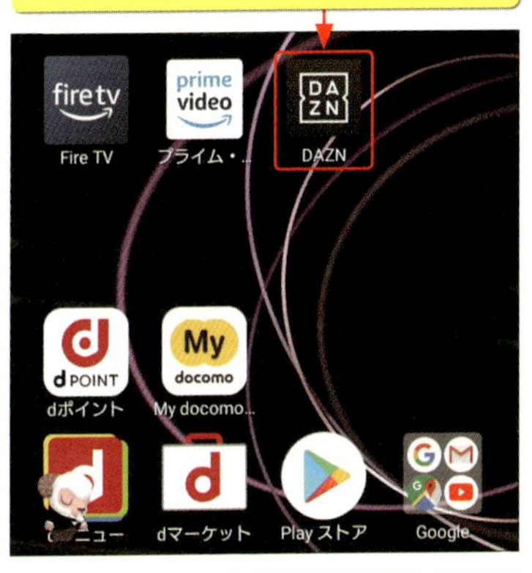

❷ リマインダーを設定する動画の をタップします。

❸ リマインダーを確認するには、 (iPhone の場合は<その他>) をタップします。

❹ <リマインダー>をタップします。

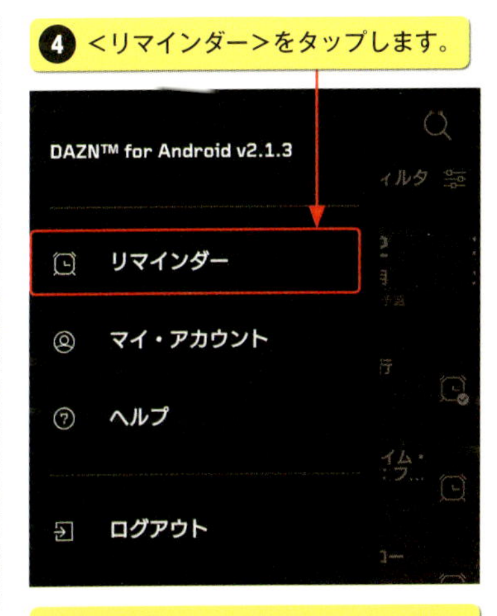

❺ リマインダーを設定した試合が表示されます。

❻ <編集する>をタップすると、リマインダーを複数選んで一括削除することができます。

Section 43

アニメを楽しむ「dアニメストア」

「dアニメストア」アプリでは、アニメやアニソンをたくさん楽しみたい人のためのサービスを利用できます。懐かしいアニメや放送中の最新アニメ、アニソンや舞台などを楽しむことができます。

1 テレビ放送中のアニメをはじめから観る

「d アニメストア」は、アニメに特化した定額制動画配信サービスです。話題のアニメを好きなだけ観たり、スマートフォンにダウンロードしたりすることが可能です。ドコモが提供するサービスですが、ドコモユーザーでなくても月額400円(税抜)で利用することができます。初回入会の場合、はじめの 31 日間は無料です。なお、アプリ上で会員登録をすることができないため、Silk ブラウザや、スマートフォンやパソコンの Web ブラウザを利用して会員登録をする必要があります。

❶ P.68 手順❶を参考に「d アニメストア」アプリをダウンロードして開き、ログインを行います。

❷ <TV 放送中>を選びます。

❸ 観るアニメを選んで◉を押します。

❹ アニメの「タイトル詳細」画面が表示されます。

❺ <はじめから見る>を選んで◉を押します。

2 アニメを探す

「d アニメストア」アプリには、「フリーワード」「アニメ 50 音順」「ジャンル」の 3 種類の検索方法があります。メニューバーの<さがす>からアニメを探すことができます。

フリーワード検索

メニューバーのを選んでを押すと、タイトル、シリーズ、ジャンル、年代、監督、声優などそのアニメに関するさまざまなキーワードで検索することができます。

アニメ 50 音順

メニューバーの<さがす>→<アニメ 50 音順>の順に選んでを押すと、タイトルの頭文字から検索することができます。シーズンや劇場版で作品名が異なる作品も、シリーズ名の頭文字で登録されています。

ジャンル

メニューバーの<さがす>→<ジャンル>の順に選んでを押すと、作品のジャンルから検索することができます。複数ジャンルに該当する作品は、複数箇所で表示されます。

3 「マイリスト」を活用する

❶ P.112を参考にアニメの「タイトル詳細」画面を表示します。

❷ <マイリストに追加>を選んで◉を押します。

❸ ⮌ボタンを押して「メニュー」画面へ戻り、

❹ 「マイページ」の<マイリスト>を選んで◉を押します。

❺ アニメを選んで◉を押します。

❻ 「マイリスト」に追加したアニメを観ることができます。

画質の設定

「dアニメストア」アプリでは、「ふつう」「きれい」「すごくきれい」「HD画質」の中から画質を選ぶことができます。再生中に<画質設定>を選んで◉を押すと、画質を選択することができます。

アニメをスマートフォンにダウンロードする

Amazon Fire TV で途中まで視聴したアニメは、Wi-Fi 環境でスマートフォンにダウンロードしておけば、外出中でも通信料を気にせず、空いた時間で続きを観ることができます。なお、「d アニメストア」アプリは「Play ストア」や「App Store」でインストールし、ログインをしておく必要があります。

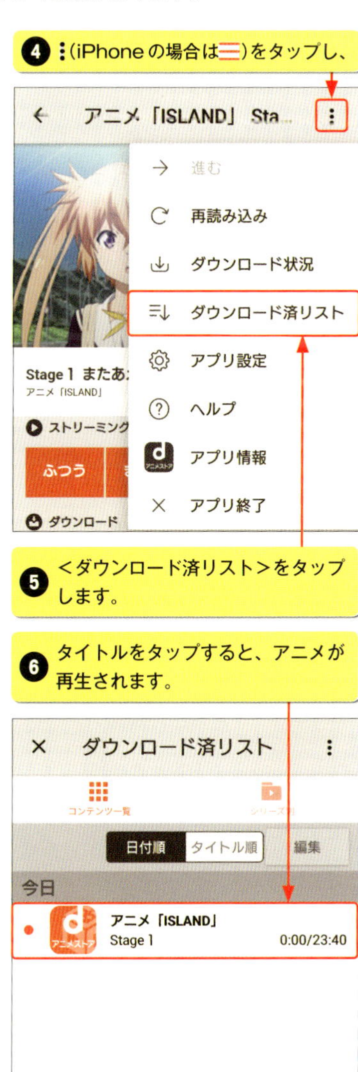

第4章 有料動画配信サービスを利用しよう

Section 44

海外作品が充実「Hulu」

「Hulu」アプリでは、50,000本以上のドラマ・映画・バラエティ・アニメ・スポーツなどを楽しめるサービスを利用できます。とくに海外作品が充実しており、「Huluプレミア」というブランドラインがあります。

1 Huluで海外作品を観る

「Hulu」は、月額933円（税抜）で利用することができます。初回入会の場合、はじめの2週間は無料でサービスを利用できます。なお、アプリ上で会員登録をすることができないため、Silkブラウザや、スマートフォンやパソコンのWebブラウザを利用して会員登録をする必要があります。「Hulu」の最大の特徴は、さまざまなジャンルにおける豊富なラインナップです。また、「Huluプレミア」というロゴの付いた作品は、「Hulu」が日本ではじめて配信する世界の注目作品です。

❶ P.68手順❶を参考に「Hulu」アプリをダウンロードして開き、ログインを行います。

❷ <海外ドラマ・TV>を選んで◉を押します。

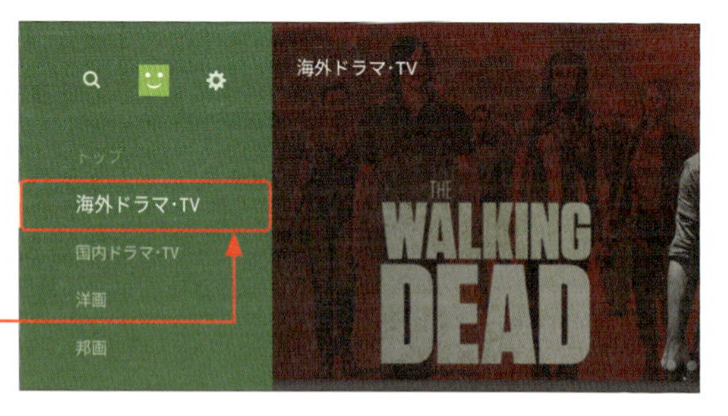

❸ ここでは、「Huluプレミア」の動画を選んで◉を押します。

❹ <再生する>を選んで◉を押すと再生できます。

2 字幕／吹替や字幕言語の設定をする

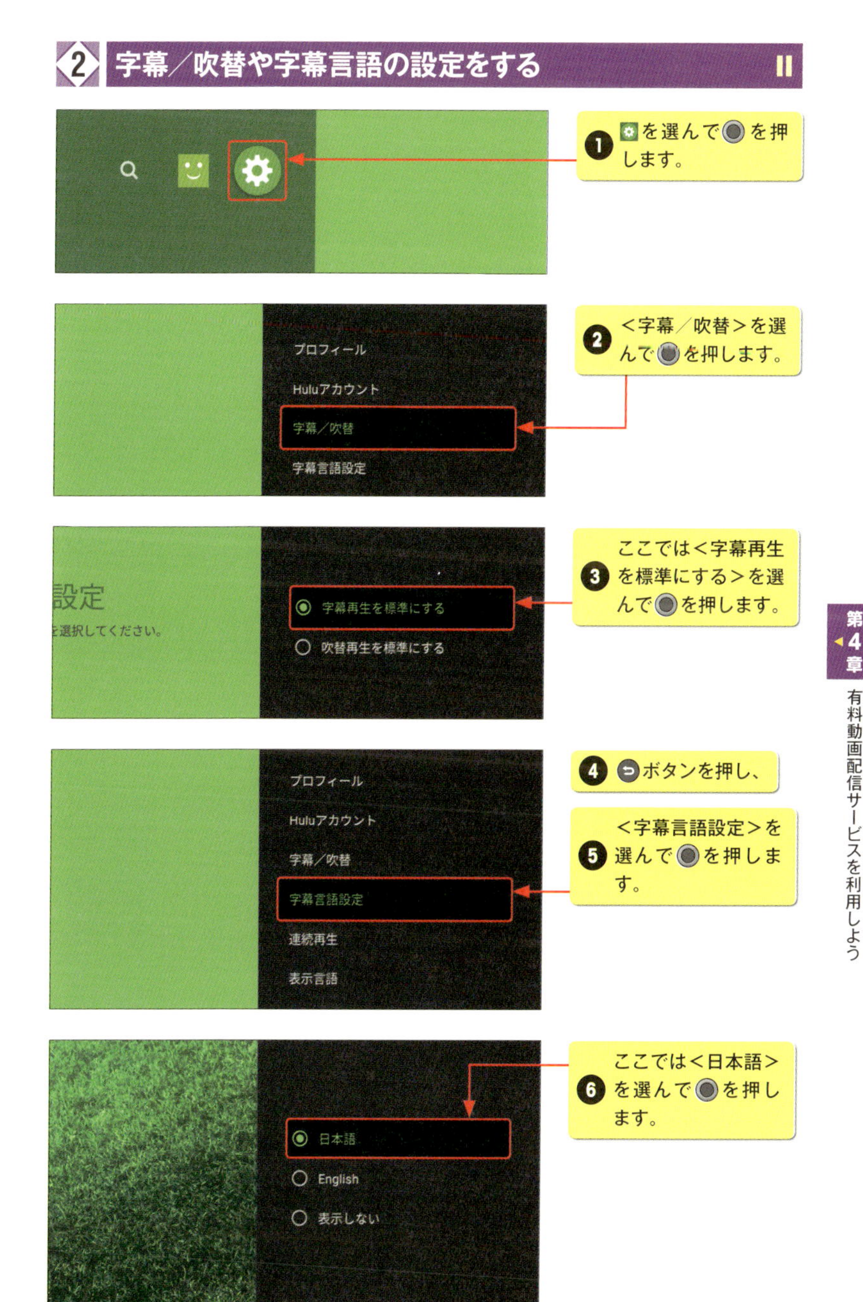

❶ を選んでを押します。

❷ ＜字幕／吹替＞を選んでを押します。

❸ ここでは＜字幕再生を標準にする＞を選んでを押します。

❹ ボタンを押し、

❺ ＜字幕言語設定＞を選んでを押します。

❻ ここでは＜日本語＞を選んでを押します。

3 スマートフォンで動画を探す

スマートフォンの「Hulu」アプリを利用すれば、空いた時間に観たい動画を探し、「お気に入り」へ追加しておくことができます。なお、「Hulu」アプリは「Play ストア」や「App Store」でインストールし、ログインをしておく必要があります。

❶ ホーム画面で<Hulu>をタップします。

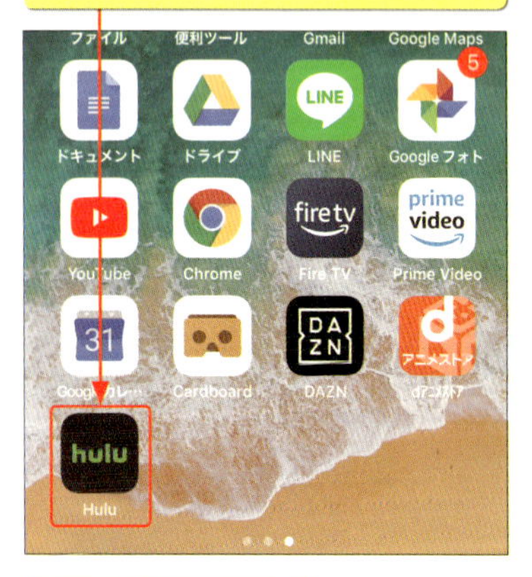

❷ Qをタップします。

❸ キーワードを入力し、

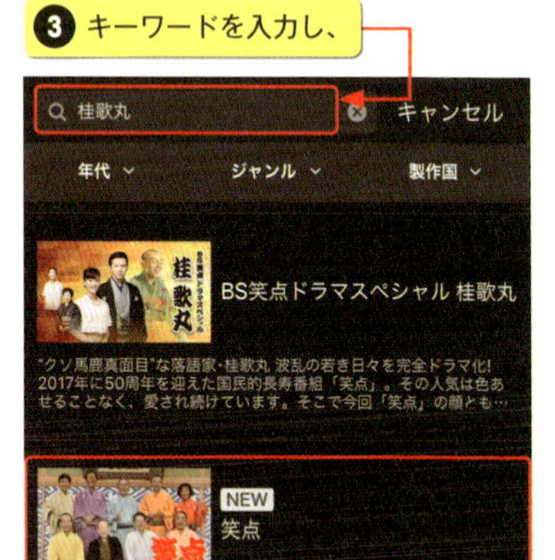

❹ 動画をタップします。

❺ ♥をタップします。

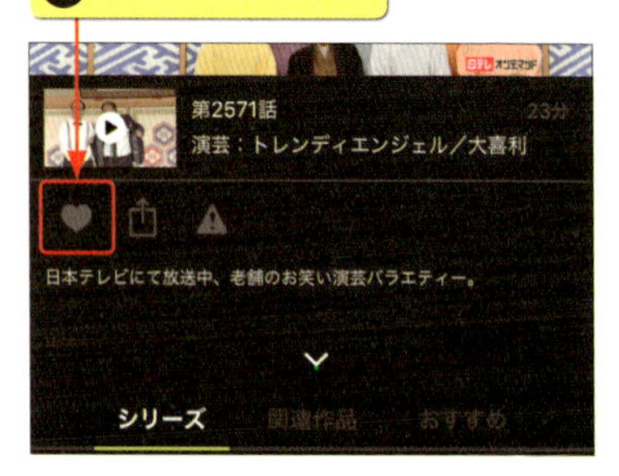

Memo 「お気に入り」の表示

「お気に入り」に追加した動画をAmazon Fire TVの「Hulu」アプリで表示するには、メニューバーの<マイリスト>を選んで◉を押します。

4 「Huluキッズ」に切り替える

「Hulu」アプリでは、子ども向けのコンテンツだけが観られる子ども用アカウント「Hulu キッズ」が使用できます。R 指定の動画などを視聴させたくない場合に切り替えましょう。

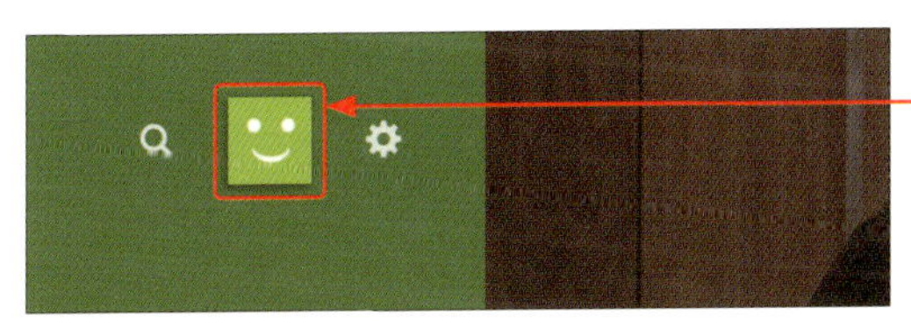

❶ を選んで を押します。

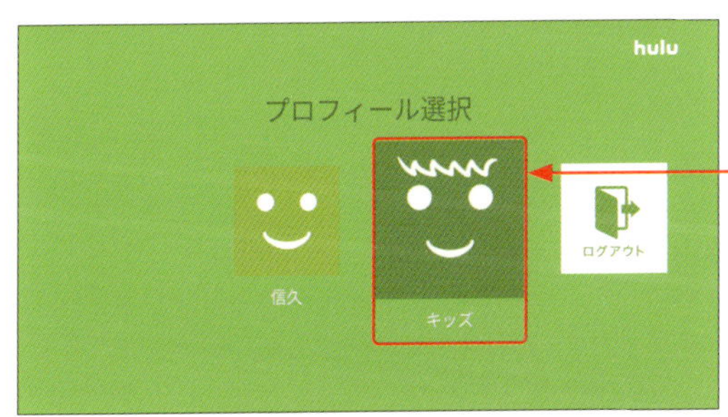

❷ <キッズ>を選んで を押します。

❸ 画面が Hulu キッズに切り替わり、子ども向けのコンテンツのみが表示されます。

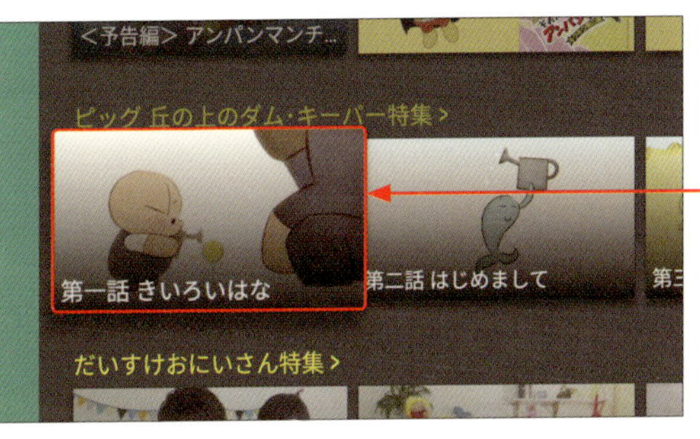

❹ 動画を選んで を押すと、動画の詳細が表示されます。

オリジナルコンテンツの質が高い「Netflix」

「Netflix」アプリでは、多くの海外作品や質の高いオリジナルコンテンツを楽しむことができます。画質や利用スタイルに合わせ、料金の異なる3つのプランから選んでサービスを利用します。

1 サービス概要と料金プランの比較

「Netflix」は、映画やドラマなどを楽しめるサービスです。初回入会の場合、はじめの1か月間は無料でサービスを利用できます。なお、アプリ上で会員登録をすることができないため、Silk ブラウザや、スマートフォンやパソコンの Web ブラウザを利用して会員登録をする必要があります。

「Netflix」は画質や利用スタイルに合わせ、料金の異なる3つのプランから選んで会員登録をします。「Netflix」の最大の特徴は、充実した海外作品ラインナップと質の高いオリジナルコンテンツです。また、Wi-Fi 接続時に動画をスマートフォンにダウンロードしておくことで、データ通信料を気にせずいつでも動画を楽しむことができます。

レコメンド機能により、ユーザーの嗜好と作品との「マッチ度」が表示されます。
また、「キッズサイト」画面に切り替え、子ども向けのコンテンツだけを表示することも可能です。

	ベーシック	スタンダード	プレミアム
月額料金（税抜）	800円	1,200円	1,800円
HD画質	×	○	○
UHD 4K（超高画質）	×	×	○
同時に視聴可能な画面数	1	2	4

2 動画を再生する

❶ P.68手順❶を参考に「Netflix」アプリをダウンロードして開き、ログインを行います。

❷ 動画を選んで◉を押します。

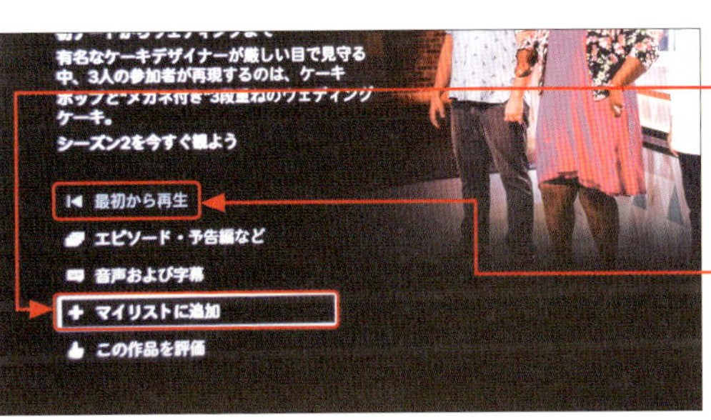

❸ ＜マイリストに追加＞を選んで◉を押すと、「マイリスト」に追加できます。

❹ ＜最初から再生＞を選んで◉を押すと、動画を再生できます。

3 動画再生中に字幕や音声の設定をする

❶ 動画再生中に＜ナビゲーション＞の上を押し、

❷ ＜音声および字幕＞を選んで◉を押します。

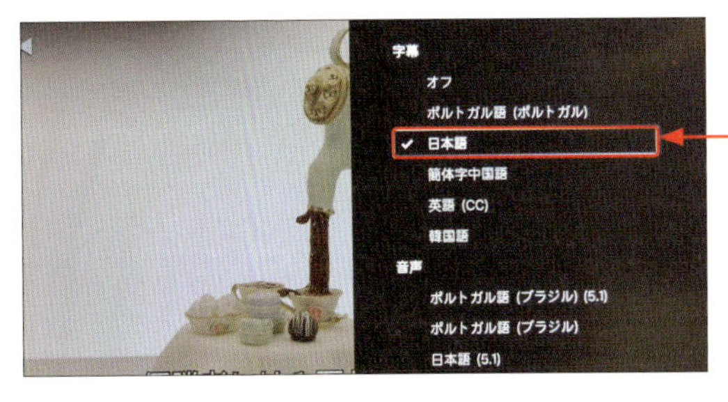

❸ 字幕／音声に設定する言語を選んで◉を押します。

4 テレビで観た動画をスマートフォンで観る

Amazon Fire TV で途中まで観た動画を、スマートフォンの「Netflix」アプリで続きから再生することができます。なお、「Netflix」アプリを「Play ストア」や「App Store」でインストールし、ログインをしておく必要があります。

1 ホーム画面で<Netflix>アプリをタップします。

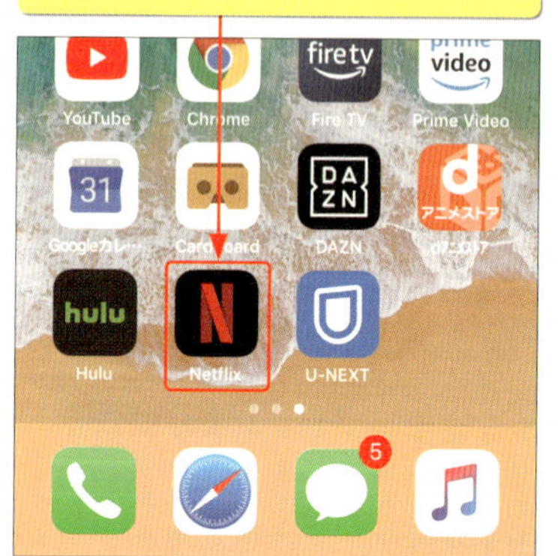

2 「視聴中コンテンツ」で再生する動画をタップします。

5 スマートフォンで「マイリスト」に追加する

スマートフォンアプリで動画を探し、「マイリスト」に追加しておくことで、Amazon Fire TV ですぐに再生できるようになります。

1 「Netflix」アプリを起動します。

2 動画をタップします。

3 <マイリスト>をタップします。

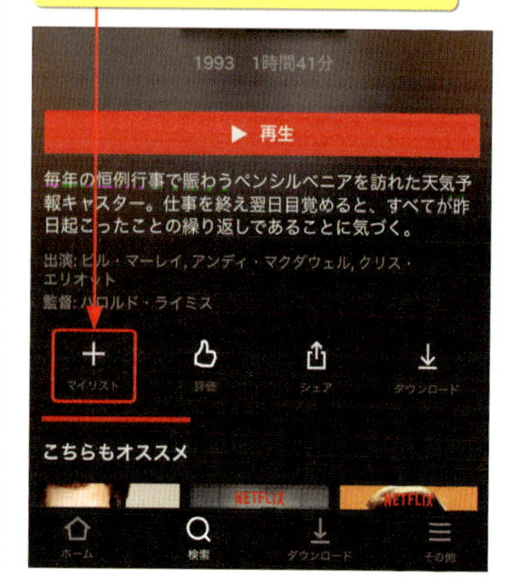

6 スマートフォンで選んだ動画をテレビで観る

❶ スマートフォンを Amazon Fire TV と同じ Wi-Fi に接続します。

❷ 「Netflix」アプリを起動します。

❸ (キャストアイコン)をタップします。

❹ 接続するデバイスをタップします。

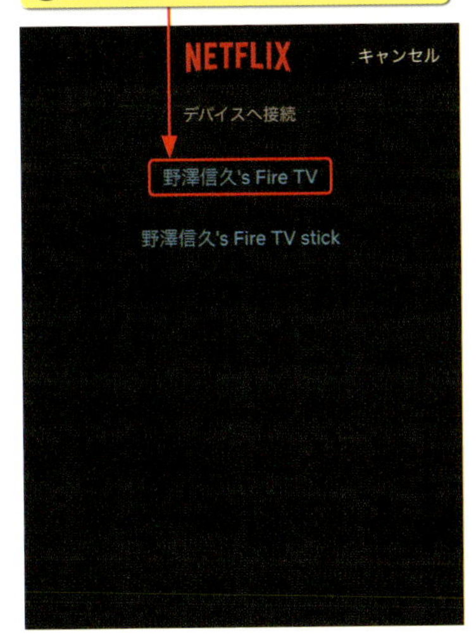

❺ 動画をタップします。

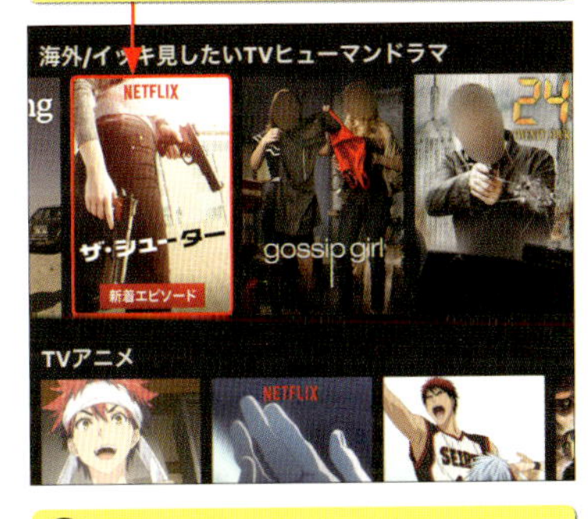

❻ <再生>をタップします。

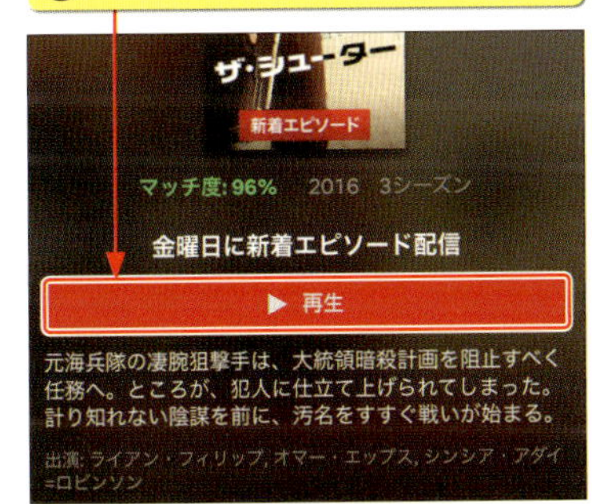

❼ Amazon Fire TV で動画が再生されます。

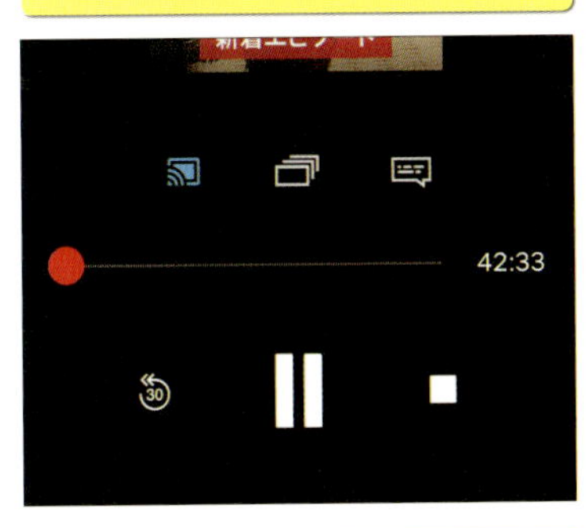

❽ アプリから再生／一時停止や字幕／音声切換などの操作ができます。

コンテンツが豊富な「dTV」

「dTV」アプリは、月額500円（税抜）で約120,000本以上のコンテンツを利用することができ、コストパフォーマンスにおいて人気の高いサービスです。動画をダウンロードできることも特徴です。

1 サービスの概要

「dTV」は、邦画や国内ドラマをはじめとした、映画やドラマなどを楽しめるサービスです。初回入会の場合、はじめの1か月間は無料でサービスを利用できます。なお、アプリ上で会員登録をすることができないため、Webブラウザを利用して会員登録をする必要があります。「dアニメストア」(Sec.43参照）に登録している場合も別途、会員登録が必要です。

「dTV」アプリは動画の見放題サービスのほか、ニュースをチェックしたり、音楽や漫画を楽しんだり、話題の新作映画をレンタルしたりすることもできます。

また、Wi-Fi接続時に動画をスマートフォンにダウンロードしておくことで、データ通信料を気にせずいつでも動画を楽しむことができます。

手頃な料金ながら、豊富なコンテンツを楽しめることが特徴です。

動画を再生する

❶ P.68 手順❶を参考に「dTV」アプリをダウンロードして開き、ログインを行います。

❷ 動画を選んで◉を押します。

❸ ＜字幕／吹替＞を選んで◉を押し、字幕／吹替を選択します。

❹ ▶を選んで◉を押すと、再生がはじまります。

Memo 「クリップ」と「評価」

手順❸の画面で🔗を選んで◉を押すと、動画が「マイリスト」の「クリップ」に追加され、あとでもう一度探すときに手間が省けます。また、☆を選んで◉を押すと、動画の評価を0.5～5の中から選ぶことができます。

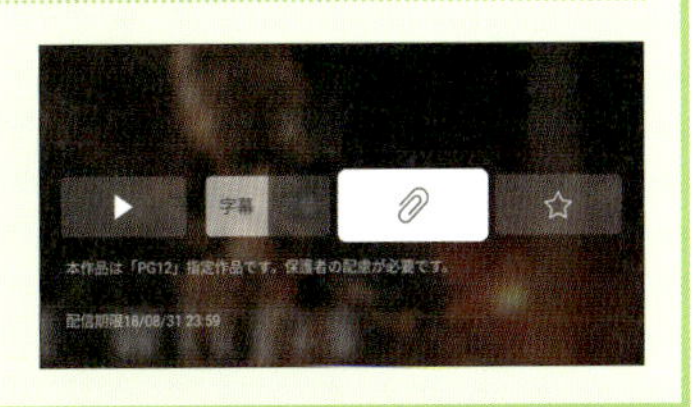

3 テレビの画面で漫画を読む

「dTV」アプリでは、動きや音声の付いた漫画を楽しむことができます。動画のように再生されるため、再生中にページをめくったり画面を操作したりする必要がありません。ここでは、漫画をはじめから読む方法を紹介します。

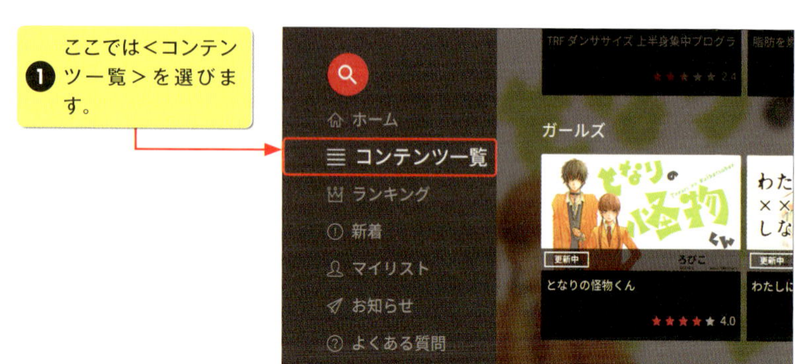

❷ 漫画を選んで◎を押します。

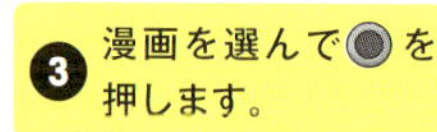

❸ 漫画を選んで◎を押します。

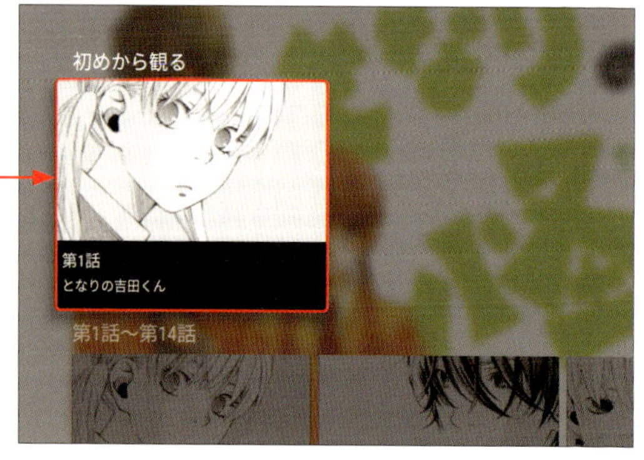

4 レンタル作品を購入する

動画配信サービスで見放題サービスの対象となる作品の多くは、準新作や旧作です。「dTV」では、課金することで新作映画をレンタルして観ることができます。なお、レンタル作品の購入は、Amazon Fire TV 上では行えません。スマートフォンで Amazon Fire TV 上に表示される QR コードを読み取り、「dTV」の Web サイトから購入手続きを行います。

❶ タイトルの前に¥が表示されている動画を選んで◎を押します。

❷ <レンタル>を選んで◎を押します。

❸ 表示された QR コードを、スマートフォンで読み取ります。

スマートフォンでレンタル作品を購入する

スマートフォンで手順❸の画面に表示されたQRコードを読み取ると、Webブラウザで動画の購入画面が表示されます。右図の場合、「標準」画質と「HD」画質から選んで購入することができます。

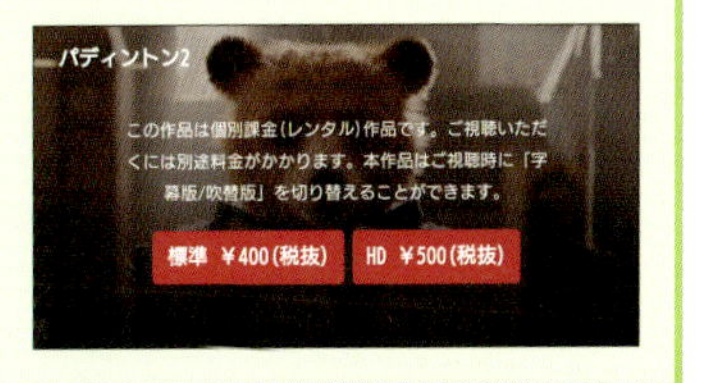

圧倒的なタイトル数を誇る「U-NEXT」

「U-NEXT」アプリは多くの動画を観ることができるほか、個別課金コンテンツの購入や、動画以外のコンテンツの利用ができます。また、毎月1,200円分のポイントが付与されます。

1 サービスの概要

「U-NEXT」は邦画や国内ドラマをはじめとした、映画やドラマ、音楽などを楽しめるサービスです。月額1,990円（税抜）で、「見放題」と表示された120,000本以上もの動画を楽しめます。

1人の会員登録で、無料の子アカウントを3つ作成することができます。「U-NEXT」は有料コンテンツやアダルトコンテンツが含まれていることも特徴ですが、アダルトコンテンツなどを非表示にできる「ペアレンタルロック」をアカウントごとに設定することができ、家族で安心して利用することができます。

また、Wi-Fi接続時に動画をスマートフォンにダウンロードしておくことで、データ通信料を気にせずいつでも動画を楽しむことができます。

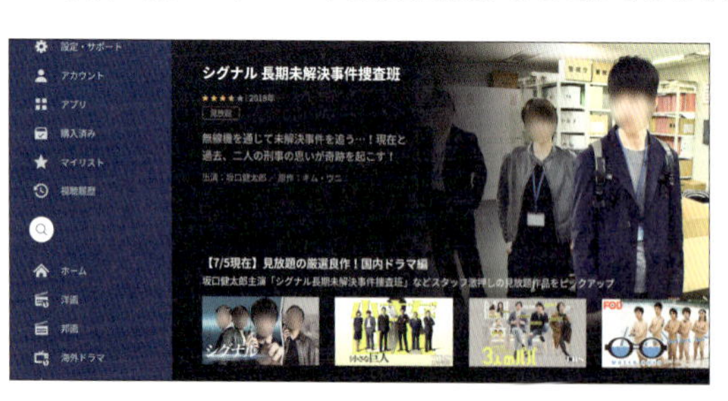

数ある有料動画配信サービスの中でも最高クラスのタイトル数が魅力です。

動画見放題以外のサービス

パソコンやスマートフォンでは、動画のほかに雑誌70誌以上の読み放題サービスも利用できます。なお、「U-NEXT」も初回入会の場合、はじめの31日間は無料でサービスを利用できます。また、毎月1,200円分のポイントが付与されるしくみになっており、「ポイント」と表示された有料動画や本、映画チケットの割引などの有料コンテンツの購入に利用することができます。無料体験期間中も600円分のポイントが付与されます。

特集から動画を探す

「U-NEXT」は特集の数が多く、新しい動画を見つけるときに役立ちます。観たい動画が思い浮かばないときに、参考にしてみましょう。

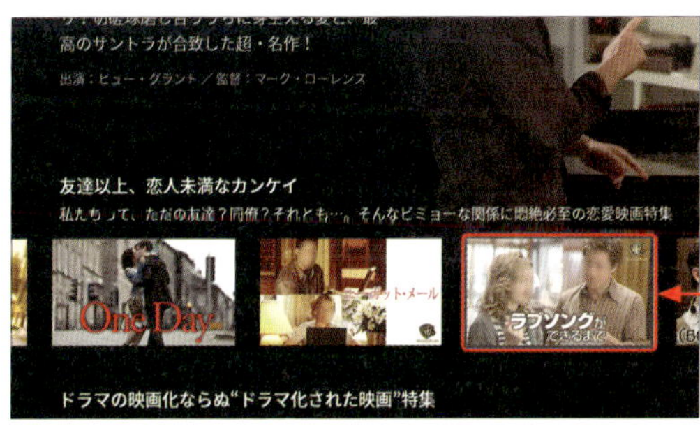

❶ P.68手順❶を参考に「U-NEXT」アプリをダウンロードし、開いて会員登録を行います。

❷ 特集から動画を選んで◉を押します。

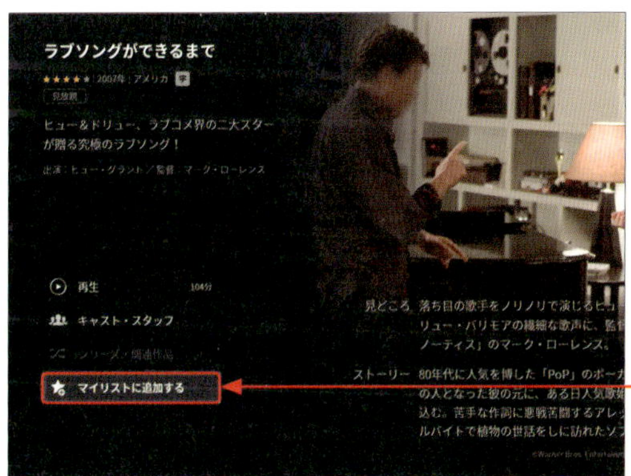

❸ <マイリストに追加する>を選んで◉を押すと、動画をマイリストに追加することができます。

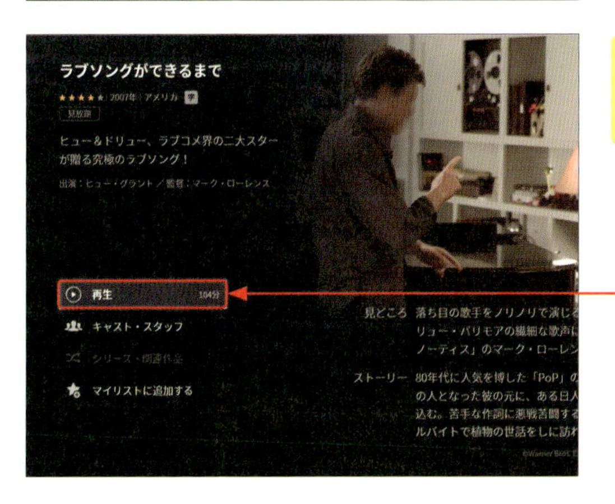

❹ <再生>を選んで◉を押すと、動画が再生されます。

3 ペアレンタルロックを設定する

ここでは、「U-NEXT」アプリ上で親アカウントにペアレンタルロックを設定する方法を紹介します。

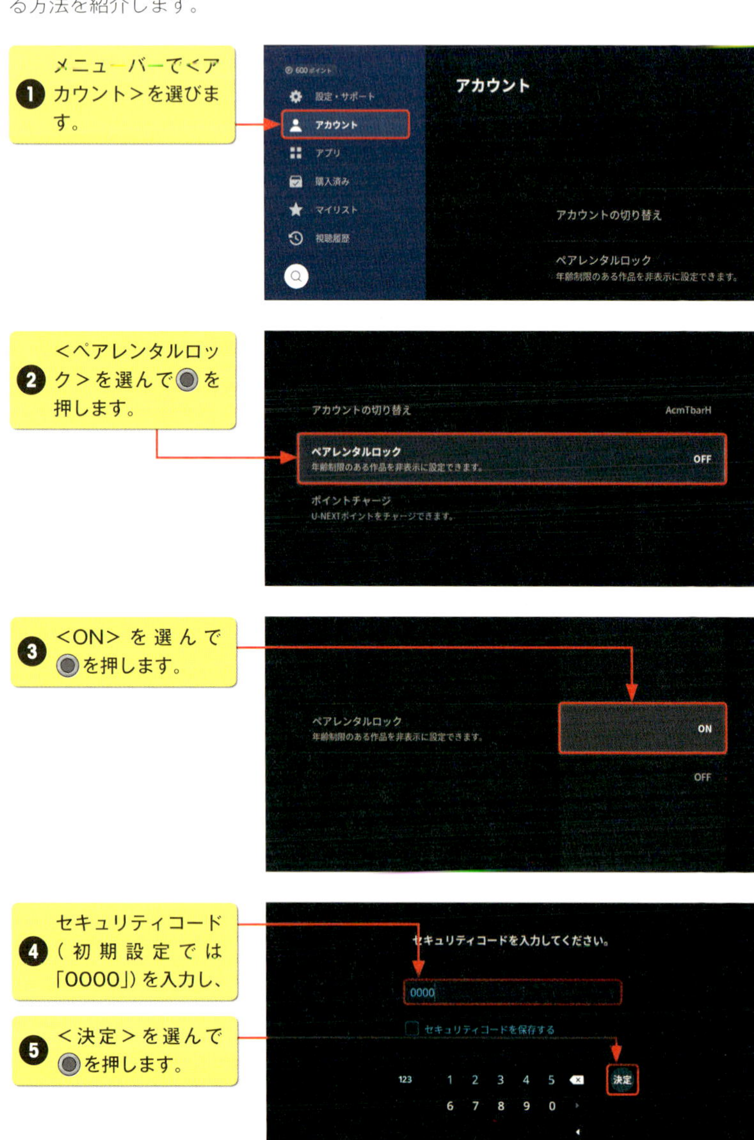

4 子アカウントを登録する

❶ スマートフォンのWebブラウザで「U-NEXT」公式サイト（https://video.unext.jp）を開きます。

❷「U-NEXT」にログインします。

❸ ≡をタップし、

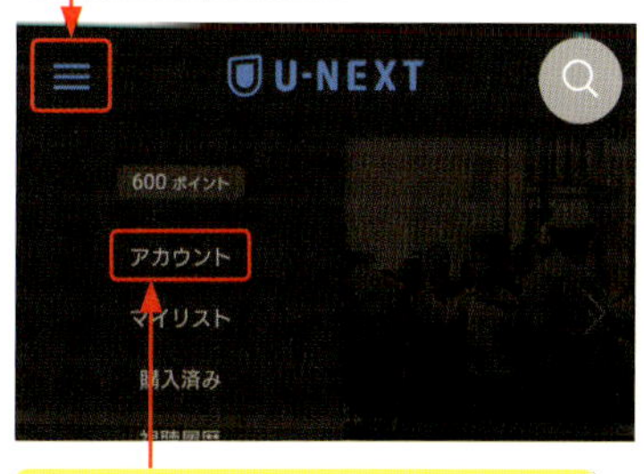

❹ ＜アカウント＞をタップします。

❺ ＜ファミリーアカウントサービス＞をタップします。

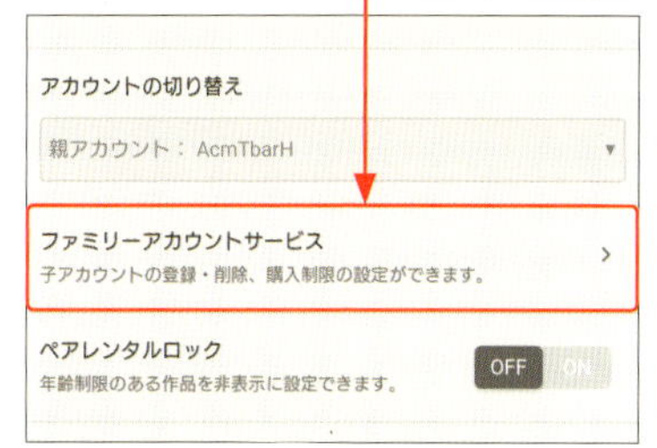

❻ ＜追加＞をタップします。

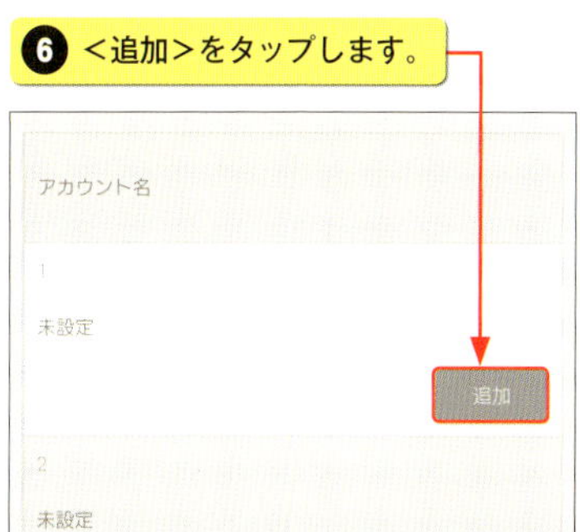

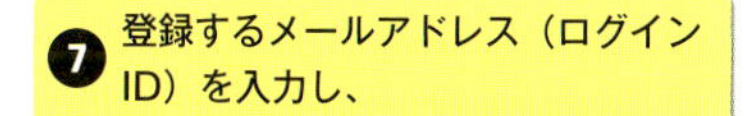
❼ 登録するメールアドレス（ログインID）を入力し、

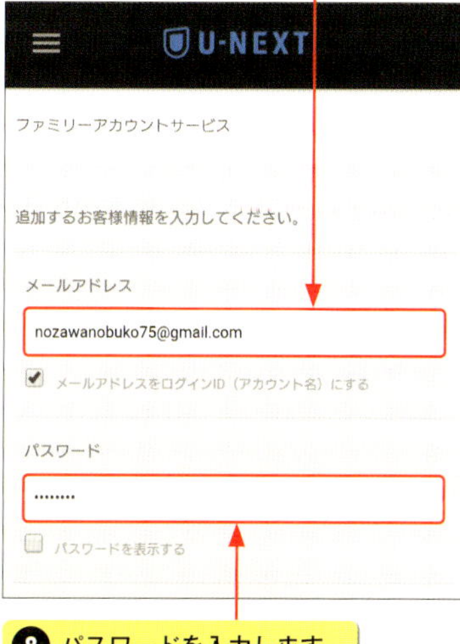

❽ パスワードを入力します。

❾ 購入制限を選択し、

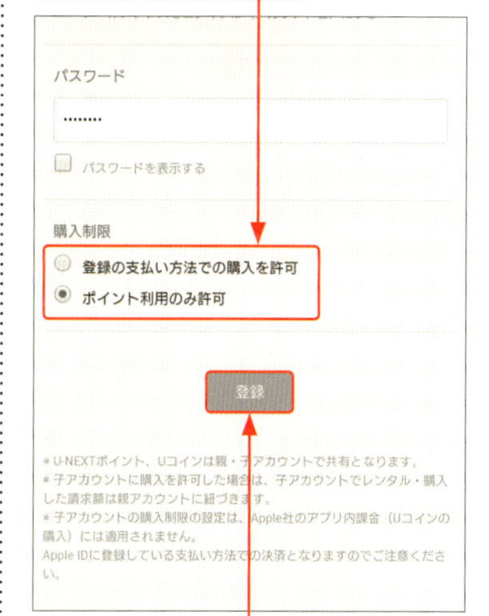

❿ ＜登録＞をタップします。

映画や海外ドラマに特化した「スターチャンネル」

「スターチャンネル」アプリでは、BSやケーブルテレビでおなじみのスターチャンネルをAmazon Fire TVで観ることができます。海外作品に特化したサービスです。

1 サービスの概要

「スターチャンネル」は、インターネットテレビやビデオオンデマンドによって、厳選した映画やドラマ、オンライン試写会などを提供するサービスです。初回入会の場合、はじめの1か月間は無料でサービスを利用できます。なお、アプリ上で会員登録をすることができないため、Webブラウザを利用して会員登録をする必要があります。 なお、「スカパー！」などでスターチャンネルを契約している場合も、別途「インターネットTV」の契約が必要な場合があります。

また、「スターチャンネル」アプリはFire TV Stick 第二世代以降に対応しており、Fire TV Stick 第一世代では利用することができないため注意が必要です。

インターネットテレビやビデオオンデマンドなどを楽しめるサービスです。

インターネットテレビを観る

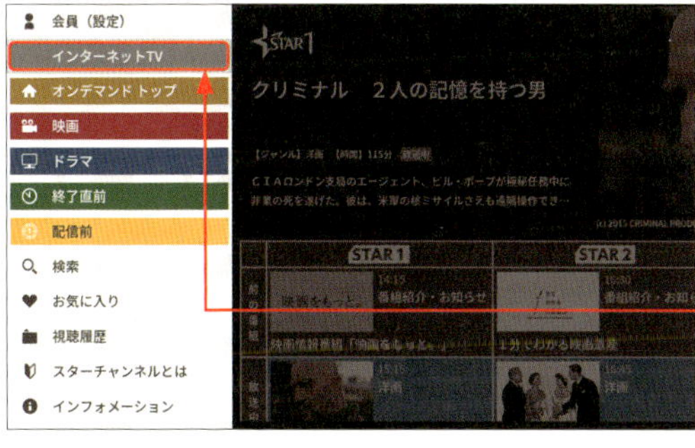

❶ P.68手順❶を参考に「スターチャンネル」アプリをダウンロードして開き、ログインを行います。

❷ メニューバーで<インターネットTV>を選んで◉を押します。

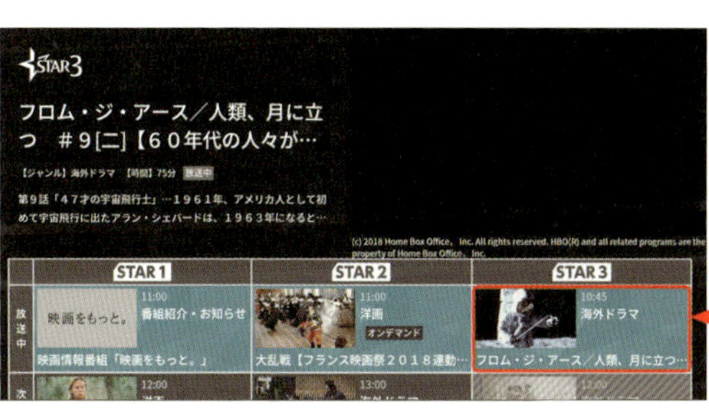

❸ ここでは「STAR3」の番組を選んで◉を押します。

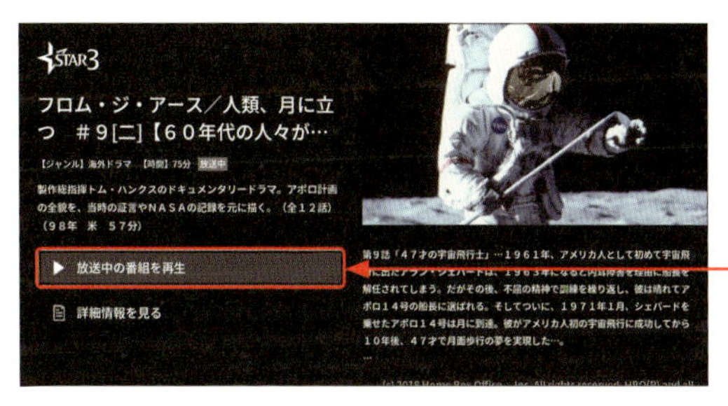

❹ <放送中の番組を再生>を選んで◉を押します。

Memo 「STAR1～3」の違いは?

「スターチャンネル」には、チャンネルが3種類あります。「STAR1」ではテレビ初放映のハリウッド大作や独占放送の最新映画をはじめ、有名映画などが放送されます。「STAR2」は厳選したクラシック映画やドラマなどを放送するセレクト・チャンネルです。独自の切り口による特集企画の放送も行われています。「STAR3」は24時間日本語吹替で放送する日本唯一の吹替専門チャンネルです。日本語吹替で気軽に映画や海外ドラマを楽しめます。

ビデオオンデマンドを観る

スターチャンネルのビデオオンデマンドは、スターチャンネルのインターネットテレビで見逃した映画やドラマのほか、新作海外作品などを観たいときに視聴できるサービスです。

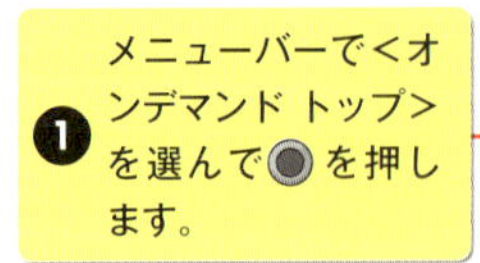

❶ メニューバーで<オンデマンド トップ>を選んで◎を押します。

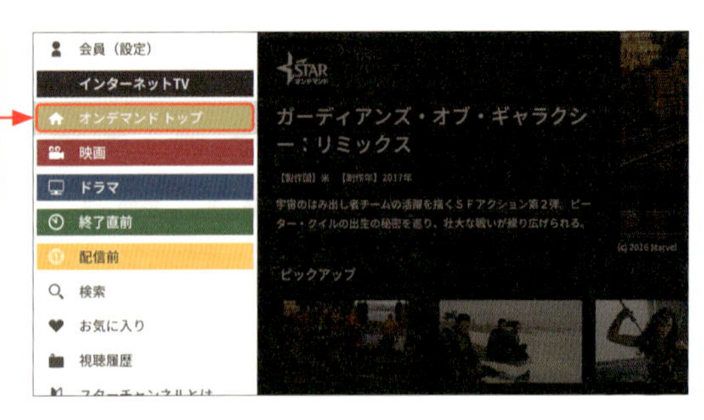

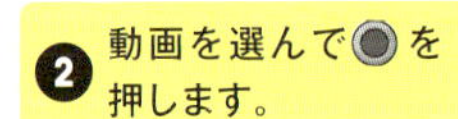

❷ 動画を選んで◎を押します。

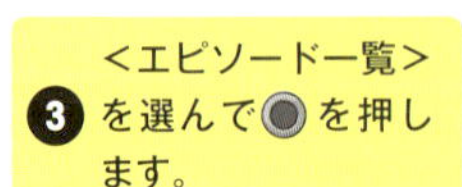

❸ <エピソード一覧>を選んで◎を押します。

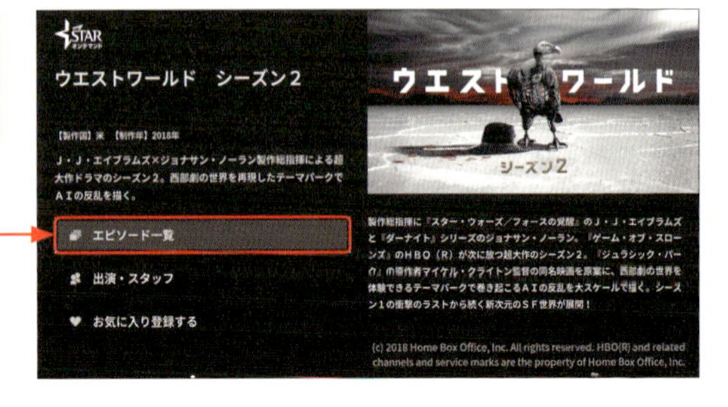

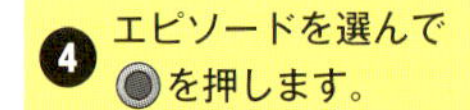

❹ エピソードを選んで◎を押します。

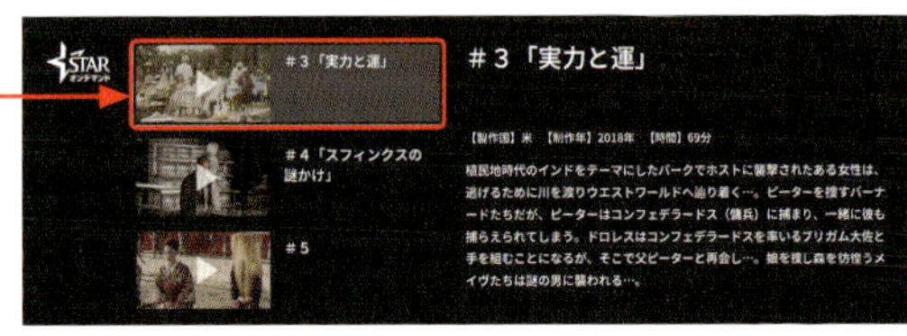

第 5 章

Amazon Fire TVで音楽を楽しもう

プライムミュージックとは

プライム会員に登録していれば、動画見放題サービスだけでなく音楽聴き放題サービス「プライムミュージック」も利用することができます。プライムミュージックは、「Amazon Music」アプリで利用することができます。

1 プライムミュージックはこんなサービス

プライムミュージックとは、Amazon プライム（P.49 参照）の特典で、国内外の人気アーティストによる100万曲以上の楽曲や、音楽のプロフェッショナルが選曲したプレイリスト（右ページ Memo 参照）を、追加料金なしで利用できるサービスです。Amazon Fire TV では、「Amazon Music」アプリを使って、このサービスを利用することができます。「Amazon Music」アプリは初期状態でインストールされているので、プライム会員に登録していれば、すぐに利用できます。

Amazon Fire TV での利用以外にも、スマートフォンに「Amazon Music」アプリをインストールすれば、外出先でも音楽を聴くことができます。プライムミュージックや「Amazon Music Unlimited」（Sec.51 参照）の楽曲のほか、Amazon ミュージックで購入した楽曲を聴くこともできます。

「Amazon Music」アプリでは、プライムミュージックやAmazon Music Unlimitedの楽曲を楽しむことができます。

2 「Amazon Music」アプリの画面

❶再生中
再生中の楽曲を表示します。
❷ブラウズ
おすすめのプレイリストやおすすめのアルバム、ステーション（P.149参照）、人気のプレイリストやアルバムなどが表示されます。「Amazon Music」アプリが利用傾向を学習するため、使えば使うほどおすすめの精度が上がります。
❸履歴
以前聴いた曲が表示されます。
❹マイミュージック
パソコンやスマートフォンで「マイミュージック」に追加した楽曲やアーティストなどが表示されます。
❺検索
アーティスト名や楽曲名、アルバム名、プレイリストなどを検索します。
❻設定
Amazon Music Unlimited（Sec.51参照）の登録を行います。

プレイリストとは

プレイリストとは、Amazonが厳選した楽曲コレクションです。新しい曲に出会いたいときや、聴きたい曲が思い浮かばないときなどに利用すると便利です。「ブラウズ」画面で＜お客様におすすめのプレイリスト＞（または＜人気のプレイリスト＞）→＜全て見る＞の順に選ぶことで、プレイリストを一覧で表示することができます。

Section 50

プライムミュージックで音楽を楽しもう

「Amazon Music」アプリでテレビをオーディオがわりにして、休憩の時間や家事の時間をもっと楽しくしましょう。自由に楽曲をスキップしたり、シャッフルやリピートをしたりすることができます。

1 プレイリストの音楽を楽しむ

❶「Amazon Music」アプリを開き、

❷プレイリストを選んで◎を押します。

❸楽曲を選んで◎を押します。

❹音楽が再生されます。

❺⏯ボタンや⏪ボタン、⏩ボタンを押すと、楽曲を操作することができます。

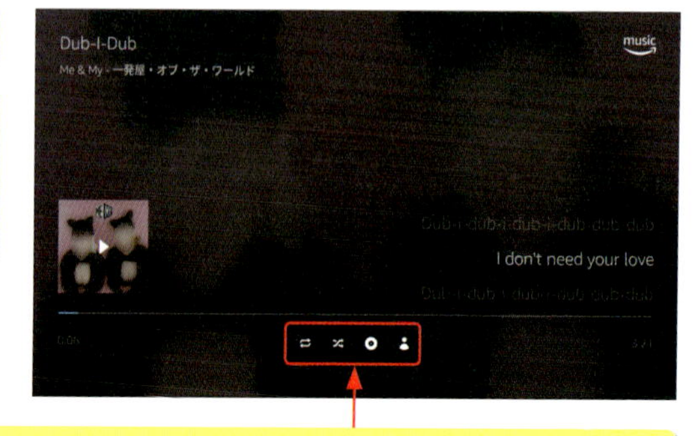

❻<ナビゲーション>でアイコンを選んで◎を押すと、シャッフルやリピート再生などの操作を行うことができます。

2 マイミュージックの音楽を再生する

マイミュージックとは、パソコンやスマートフォンのAmazon Musicから、お気に入りの楽曲やアルバム、マイプレイリストなどを追加する場所です。Amazon Fire TVの「Amazon Music」アプリ上では、マイミュージックを編集することができませんが、マイミュージックに追加された楽曲を再生することができます。

❶ ＜マイミュージック＞を選びます。

❷ ここでは「ジャンル」の＜J-ポップ＞を選んで◉を押します。

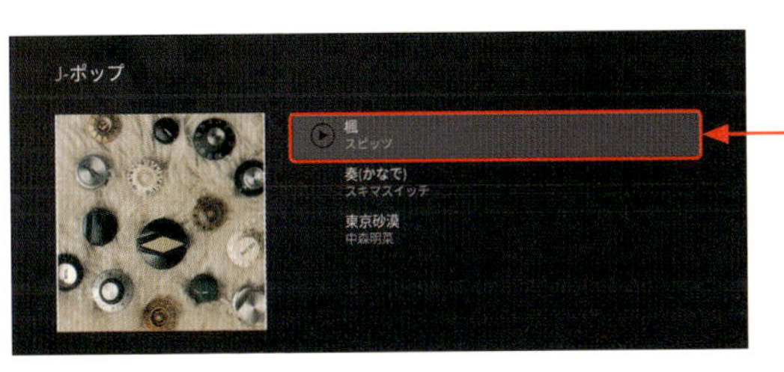

❸ 楽曲を選んで◉を押すと、再生されます。

再生端末は1台まで

プライムミュージックは、複数端末で楽曲を再生することができません。複数端末での再生が確認されると、右のようなポップアップが表示されます。再生を続けるには、＜続ける＞を選んで◉を押します。

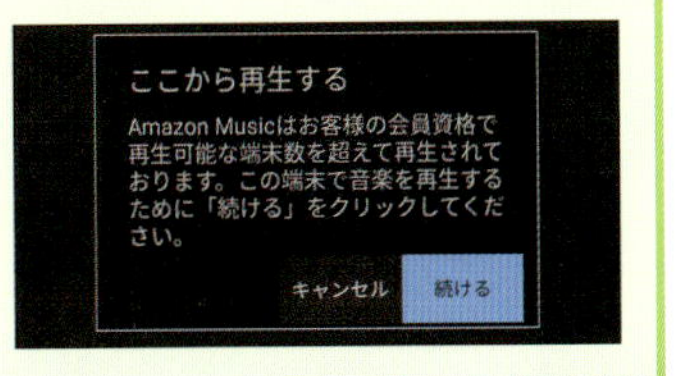

Amazon Music Unlimitedでもっと楽しもう

Amazon Music Unlimitedに加入すると、最新の楽曲を含む約4,000万曲が聴き放題になります。初回利用時であれば、30日間無料で体験できます。プライム会員は、個人プランや年額プランをお得に利用することが可能です。

1 Amazon Music Unlimitedはこんなサービス

Amazon Music Unlimited は、4,000 万曲以上の楽曲やプレイリスト、ラジオなどを楽しめる有料の音楽聴き放題サービスです。Amazon Music Unlimited とプライムミュージックで使える機能は同じですが、Amazon Music Unlimited のほうが、より多くの楽曲を楽しむことができます。

はじめて Amazon Music Unlimited のサ　ビスを利用する場合は、個人プラン、ファミリープランを 30 日間無料で体験することができます。無料体験期間が終わると、有料プランに自動的に切り替わり、月額料金が発生します。また、Amazon Music Unlimited は、プライム会員でなくても申し込むことが可能です。プライム会員の場合、割引が適用されるほか、年額料金で申し込むことができます。

洋楽の提供が多いプライムミュージックと比較すると、Amazon Music Unlimited は洋楽だけでなく邦楽のラインナップも豊富です。最新のアルバムやシングルも聴くことができます。

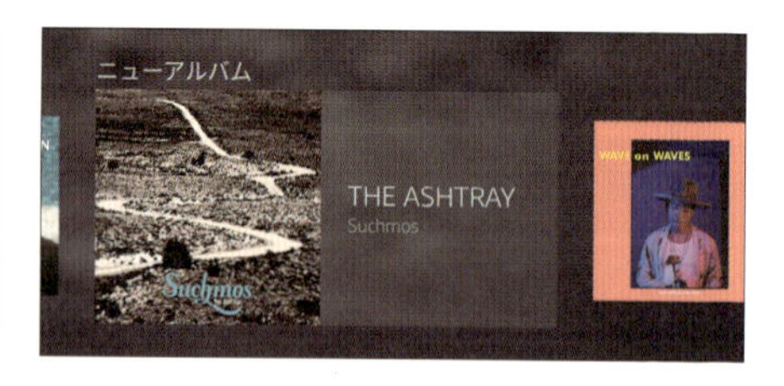

	個人プラン	ファミリープラン
料金（税込）	月額980円 （プライム会員月額780円） （プライム会員年額7,800円）	月額1,480円 （プライム会員月額1,480円） （プライム会員年額14,800円）
楽曲数	4,000万曲以上	
登録可能アカウント数	1	6

2 Amazon Music Unlimitedをはじめる

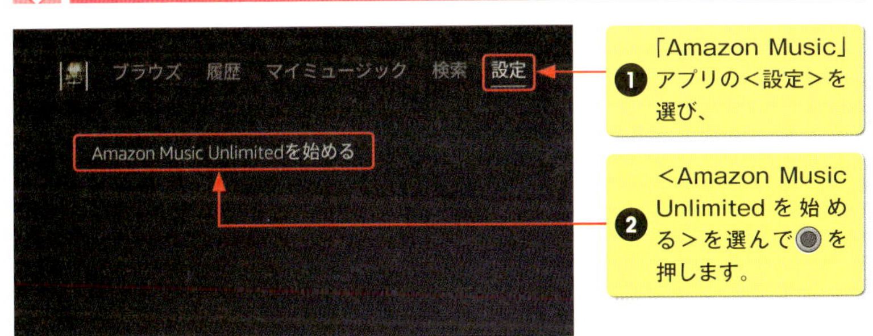

1. 「Amazon Music」アプリの＜設定＞を選び、
2. ＜Amazon Music Unlimitedを始める＞を選んで◉を押します。

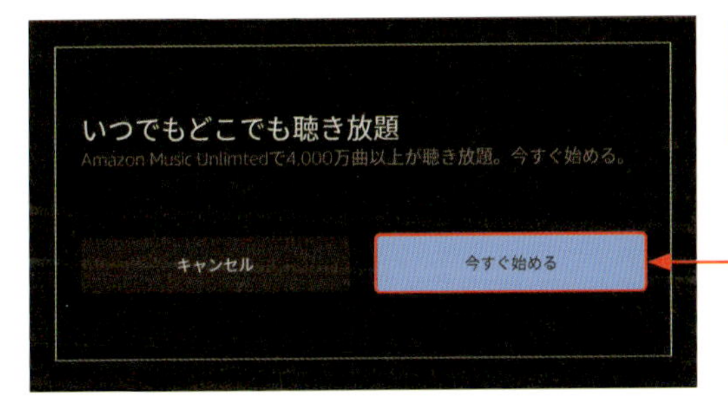

3. ＜今すぐ始める＞を選んで◉を押します。

4. プランを選んで◉を押します。

5. ＜今すぐ始める＞を選んで◉を押します。

そのほかの音楽配信サービスを活用しよう

「Amazon Music」アプリのほかにも、複数の音楽配信サービスがあります。ここでは音楽ストリーミングサービスが利用できる「Spotify」アプリと「AWA」アプリの2つを紹介します。

1 「Spotify」とは

「Spotify」とは、無料の音楽ストリーミングサービスです。会員登録をすることで、「Spotify」アプリ上で音楽を再生することができます。Spotifyのメリットは、無料で全4,000万曲以上をフル再生することができる点にあります。アルバムや楽曲のほか、Spotifyやほかのユーザーが作成したプレイリストを再生することもできます（「Spotify」アプリ上ではプレイリストの作成・編集をすることができませんが、「My Library」にお気に入りの楽曲を追加することが可能です）。無料プラン（Spotify Free）では再生途中に広告が流れ、30日15時間という再生時間の制限があります。広告を非表示にしたい場合や自由に音楽を聴きたい場合は、有料プランに加入しましょう。Spotify Premiumに初回登録した場合は、はじめの3か月を100円（税込）で利用できます。

	Spotify Free	Spotify Premium	学割プラン	ファミリープラン
料金（税込）	0円	月額980円（初回登録時ははじめの3か月100円）	480円	1,480円
機能・特徴	・フル再生 ・シャッフルプレイ ・スキップ ・広告あり	・フル再生 ・シャッフルプレイ ・スキップ ・広告なし ・高音質		
その他	再生時間制限あり（30日15時間）	PlayStation 3／4での再生可	要書類提出	5人まで個別アカウントを作成可

「Spotify」アプリでは、楽曲をフル再生したり、My Libraryや「次に再生」などの機能を利用して快適に音楽を楽しめます。

2 「Spotify」アプリで音楽を聴く

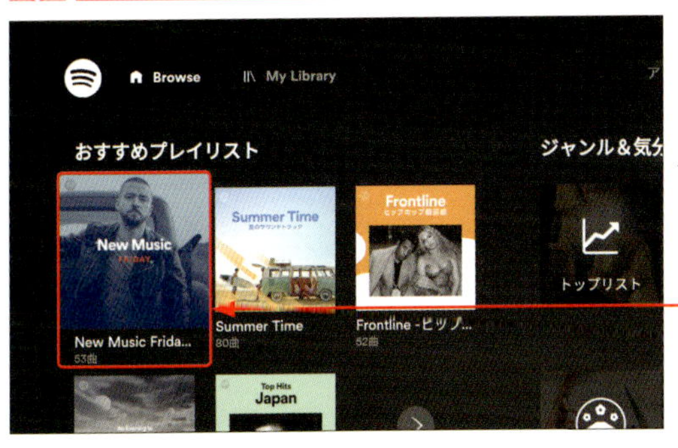

❶ P.68 手順❶を参考に「Spotify」アプリをダウンロードして開き、会員登録を行います。

❷ ここでは、プレイリストを選んで◉を押します。

❸ プレイリストのアイコンを選んで◉を押します。

❹ 楽曲が再生されます。

❺ ⏭を選んで◉を押すと、楽曲をスキップできます。

Memo 再生画面での操作

手順❹の再生画面で、🔀を選んで◉を押すと楽曲がシャッフルされ、＋を選んで◉を押すと再生中の楽曲をMy Libraryに追加できます。🔁を選んで◉を押すと、楽曲やアルバムまたはプレイリストをリピート再生することができます。

③「AWA」とは

「AWA」とは、無料の音楽ストリーミングサービスです。会員登録をすることで、全4,500万曲以上の音楽を無料で再生することができます。アルバムや楽曲のほか、AWAやほかのユーザーが作成したプレイリストを再生することもできます。AWAはアプリ上でプレイリストを作成することができること、再生中の楽曲と似た楽曲を再生する「ラジオ」機能や、歌詞表示機能を利用できることなどの特徴があります。ただし、無料プランでは楽曲を最大90秒間聴くことができる「ハイライト再生」のみ可能です。また、1か月20時間という再生時間の制限があります。有料プラン（Standard）では、月額960円（税込）で楽曲のフル再生や時間制限のない再生ができ、自由に音楽を楽しむことができます。

なお、「AWA」アプリ上では会員登録ができないため、パソコンやスマートフォンを利用して会員登録を行う必要があります。

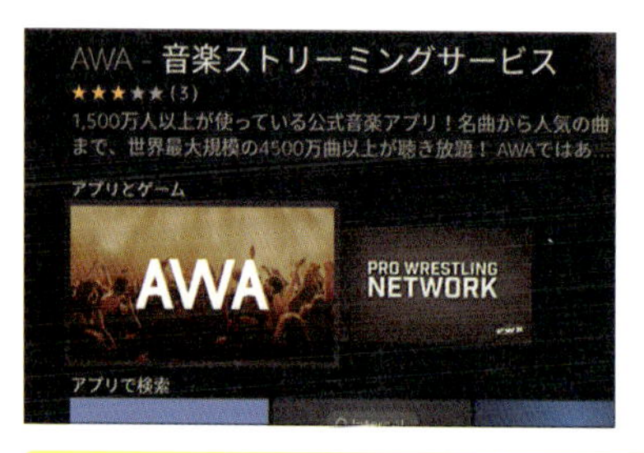

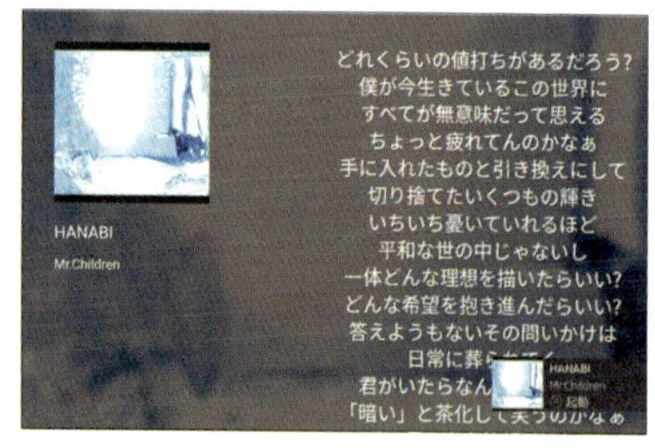

「AWA」アプリでは、楽曲を「お気に入り」に追加することはもちろん、自分のプレイリストを作成することもできます。また、再生中の楽曲と似た楽曲を再生する「ラジオ」機能や、再生中の楽曲を含むプレイリストを表示する機能などもあります。また、楽曲の歌詞を表示することもできます（非対応の楽曲あり）。

	Free	Standard
料金（税込）	0円	月額960円 （初回登録1か月間無料）
機能・特徴	・広告なし ・歌詞表示 ・ハイライト再生	・広告なし ・歌詞表示 ・ハイライト再生 ・フル尺再生 ・オフライン再生 ・再生時間制限なし
その他	・再生時間制限あり（1か月20時間） ・ハイライト再生のみ	・キャンペーン期間など、無料期間が延長される場合あり

4 「AWA」アプリで音楽を聴く

❶ P.68 手順❶を参考に「AWA」アプリをダウンロードして開き、会員登録を行います。

❷ ここでは、プレイリストを選んで◉を押します。

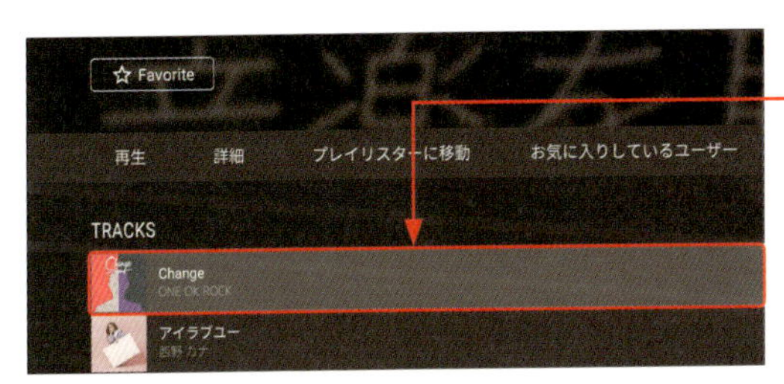

❸ プレイリストのアイコンを選んで◉を押します。

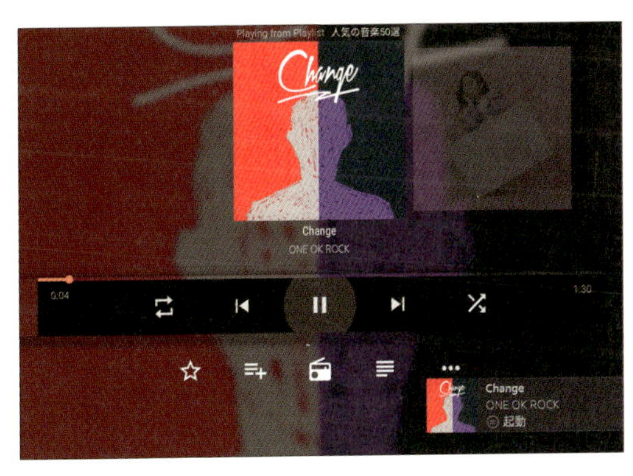

❹ 楽曲が再生されます。

❺ ▶|を選んで◉を押すと、楽曲をスキップできます。⇄を選んで◉を数回押すとその曲やプレイリストをリピート再生でき、⤨を選んで◉を押すと楽曲がシャッフルされます。

再生画面での操作

手順❹の再生画面で、☆を選んで◉を押すと再生中の楽曲がお気に入りに登録され、≡+を選んで◉を押すとプレイリストに追加されます。📻を選んで◉を押すと再生中の楽曲に似た楽曲を流します。≡を選んで◉を押すと楽曲の歌詞を表示し、•••を選んで◉を押すと「そのほかの操作」画面が開き、再生中の楽曲を含むプレイリストの表示などの操作が行えます。

Amazonミュージックで購入した楽曲を再生しよう

スマートフォンやパソコンを使って、Amazonミュージックで有料の楽曲を購入してみましょう。購入した楽曲は、Amazon Fire TVで再生することが可能です。

1 Amazonミュージックで曲を購入する

Amazon ミュージックでは、楽曲のデータを購入することができます。1 曲単位での購入や楽曲の試聴ができるため便利です。

❶ スマートフォンなどの Web ブラウザで、Amazon 公式サイト（https://www.amazon.co.jp）を開きます。

❷ 楽曲のキーワードを入力して検索し、

❸「デジタルミュージックの楽曲」と表示された楽曲をタップします。

❹ <楽曲を購入する>をタップします。

楽曲を購入する ¥250

❺ <購入>をタップします。

2 購入した曲をAmazon Fire TVで再生する

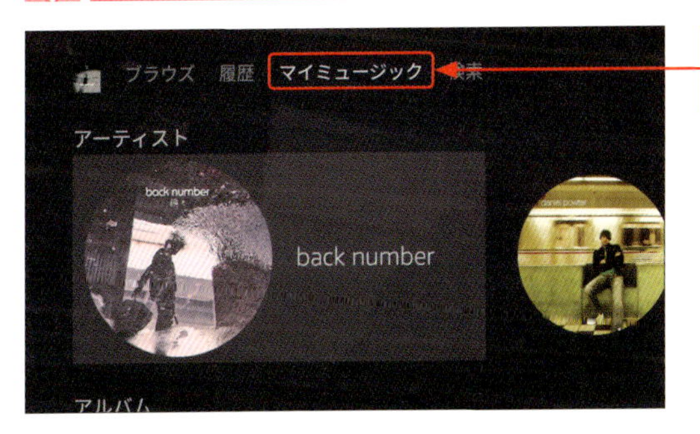

❶ ＜マイミュージック＞を選び、

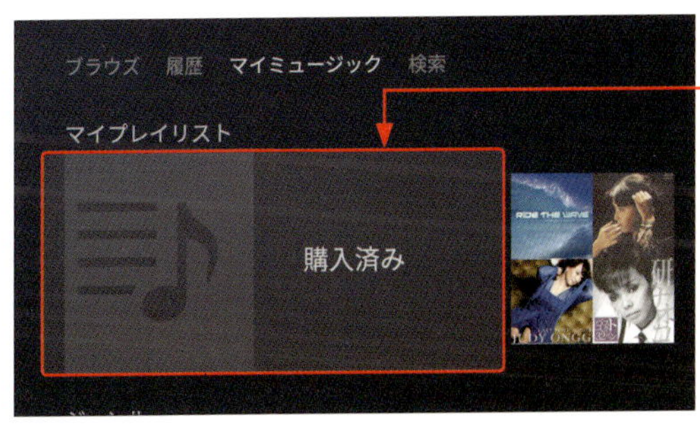

❷「マイプレイリスト」で＜購入済み＞を選んで◉を押します。

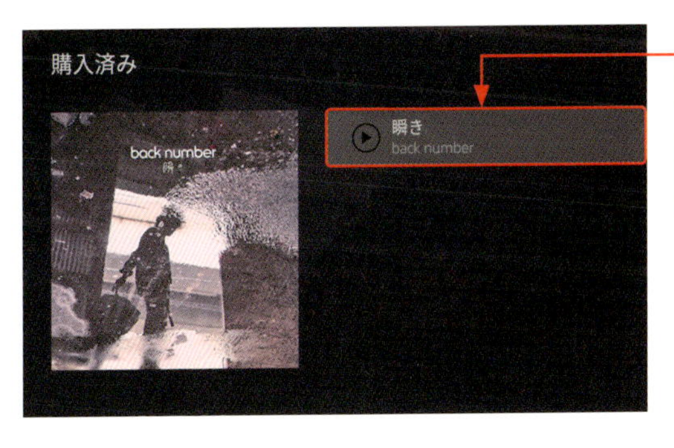

❸ 楽曲を選んで◉を押します。

❹ 楽曲が再生されます。

検索結果をデジタルミュージックのみに絞り込む

左ページ手順❷の画面で＜絞り込み＞→＜カテゴリー＞→＜デジタルミュージック＞の順にタップすることで、検索結果をデジタルミュージックの楽曲のみに絞り込むことができます。また、デジタルミュージックの楽曲は、左ページ手順❹の画面で＜このトラックをサンプルとして聴く＞をタップすると、楽曲の試聴を行うことができます。

プライムラジオとは

「プライムラジオ」はプライムミュージックのサービスの1つで、プライム会員であれば利用することができます。プライムミュージックのカタログのようなもので、ジャンル別に好きな楽曲を見つけることができます。

 プライムラジオはこんなサービス

プライムラジオは、プライムミュージックやAmazon Music Unlimitedの楽曲をジャンル別に流し続けることのできるサービスです。一度再生すると楽曲が途切れることなく流れ続けるので、作業中や勉強中などのBGMに適しています。また、「サムアップ／サムダウン」機能（P.151参照）を利用することで、その楽曲が好きか、好きでないかを示し、好きでない場合はステーション（右ページ参照）から取り除くことができます。たくさん利用することで、自分好みのステーションにすることができます。「Amazon Music」アプリ上では、◎マークがプライムラジオの目印です。

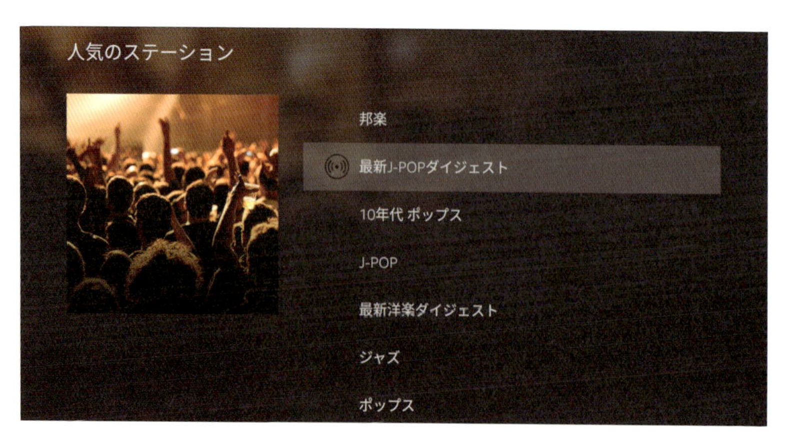

そのほかの機能

スマートフォンやパソコンのWebブラウザやアプリでは、プライムラジオの楽曲をマイミュージックやプレイリストに追加することができます。

2 ステーションの一例

ステーションとは、お気に入りの音楽だけを自動的に選曲して再生できるパーソナルなラジオステーションです。プライムラジオを利用するには、「ブラウズ」画面の「人気のステーション」から任意のステーションを選択します（Sec.55 参照）。ここでは、ステーションの一例を紹介します。

最新 J-POP ダイジェスト

最新の J-POP を一挙に聴くことができるステーションです。流行の曲をチェックすることができます。人気の高いステーションの 1 つです。

J-POP でパーティー

誰もが知っている J-POP が集められたステーションです。懐かしい曲から最新の有名曲まで流れるため、パーティーにぴったりです。

ステーションの例

邦楽	洋楽		そのほか
邦楽	最新洋楽ダイジェスト	ポップス	子供向け英語のうた
J-POP	R&B ／ソウル	ジャズ	子守唄
最新J-POPダイジェスト	ロック	ブルース	ヒーリングミュージック
J-Rock	カントリー	ダンス・ポップ	スパ
TVドラマ主題歌	EDM	テクノ	クラシックピアノ
アイドル	ハウス	パンク	バロック
ゲームミュージック	ボーイズ・グループ	ガールズ・グループ	弦楽四重奏
演歌	サルサ	ヒップホップ	映画音楽

Section 55

プライムラジオで楽曲を見つけよう

プライムラジオを利用して、好きな楽曲を見つけてみましょう。ここでは、プライムラジオの使用方法と、「サムアップ／サムダウン」機能の使用方法を紹介します。

第5章 Amazon Fire TVで音楽を楽しもう

1 プライムラジオを流す

❶「Amazon Music」アプリを開き、

❷ ＜ブラウズ＞を選び、

❸ ステーションを選んで◉を押します。

❹ ステーション内の楽曲が再生されます。

Memo ステーションを探す

手順❸の画面でいちばん右を表示し、＜全て見る＞を選んで◉を押すと、人気のステーションを一覧で見ることができます。また、「検索」画面から、ステーションをキーワード検索することも可能です。

2 楽曲の好みをステーションに反映する

より好みの楽曲をステーションで再生するには、お気に入りの楽曲が再生された際に⊜ボタンを押し、＜サムアップ＞を選んで◉を押すことで、その楽曲や同じテイストの楽曲を再生するようになります。また、好みでない楽曲が再生された場合、＜サムダウン＞を選んで◉を押すと、その楽曲をスキップすることができ、ステーションから取り除くことができます。再度サムアップ／サムダウンを選び直すには、その楽曲の再生中（サムダウンを選んだ場合、⏪ボタンを押すことで、その楽曲を再度表示できます）に⊜ボタンを押し、＜取り消す＞を選んで◉を押します。

❶ 左ページを参考にステーションを再生し、

❷ ⊜ボタンを押します。

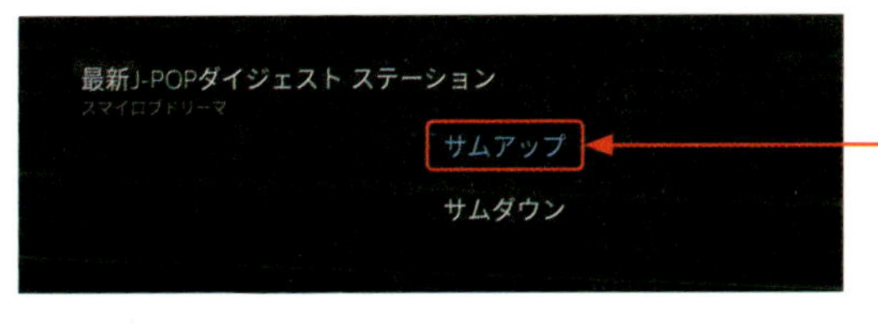

❸ ここでは、＜サムアップ＞を選んで◉を押します。

❹ 楽曲の好みがステーションに保存されます。

❺ ⊜ボタンを押し、

❻ ＜取り消す＞を選んで◉を押すと、手順❸の操作が取り消されます。

YouTubeで音楽を聴こう

YouTubeでは、レコード会社などがアップロードした公式ミュージックビデオを見たり、YouTubeの「ラジオ」で好きな楽曲を見つけることができます。ここでは、「vTube fot YouTube」アプリ（Sec.30参照）を使用して説明します。

1 YouTubeのラジオで音楽を聴く

YouTubeにも、ジャンル別に音楽を見つけることのできるラジオがあります。ラジオは、「音楽」で「ステーション」と表記された動画を選んで◉を押すことで聴くことができます。

❶ P.76を参考に「vTube for YouTube」アプリをダウンロードし、開きます。

❷ ＜音楽＞を選びます。

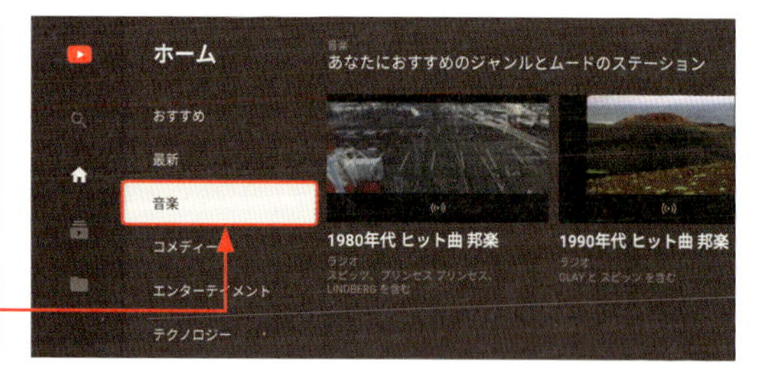

❸ ステーションを選び◉を押します。

❹ 楽曲が連続して再生されます。

2 今週の新着音楽を聴く

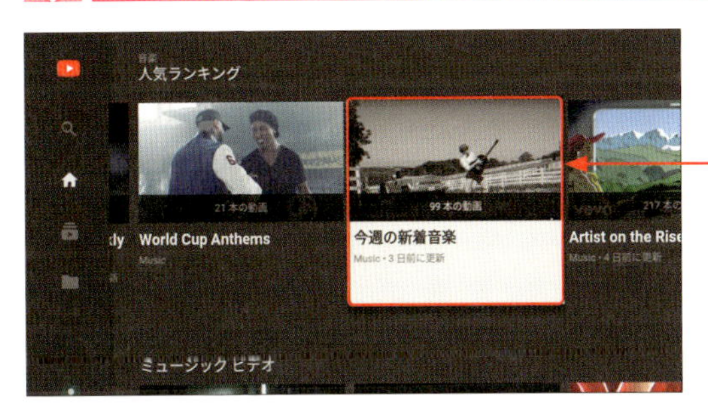

❶ 左ページ手順❸の画面で、「人気ランキング」の＜今週の新着音楽＞を選んで◉を押します。

❷ 今週追加された新着音楽が再生されます。

❸ ＜ナビゲーション＞の下を２回押すと、

❹ 次の動画を見たり、選択したりすることができます。

広告をスキップする

YouTubeでは、動画の再生前に広告が流れることがあります。多くの場合、5秒間広告が流れたあと、＜広告をスキップ＞を選んで◉を押すことで広告をスキップすることができます。ただし、まれにスキップすることのできない広告もあります。

Section 57 iTunesに取り込んだ楽曲を聴こう

パソコンでiTunesの楽曲をクラウドにアップロードすれば、Amazon Fire TVでその楽曲を聴くことができます。iPhoneの画面をテレビにミラーリングする方法については、Sec.74を参照してください。

1 iTunesの楽曲をパソコンからクラウドに保存する

❶ パソコンでiTunesを開き、

❷ <編集>をクリックし、

❸ <環境設定>をクリックします。

❹ <インポート設定>をクリックします。

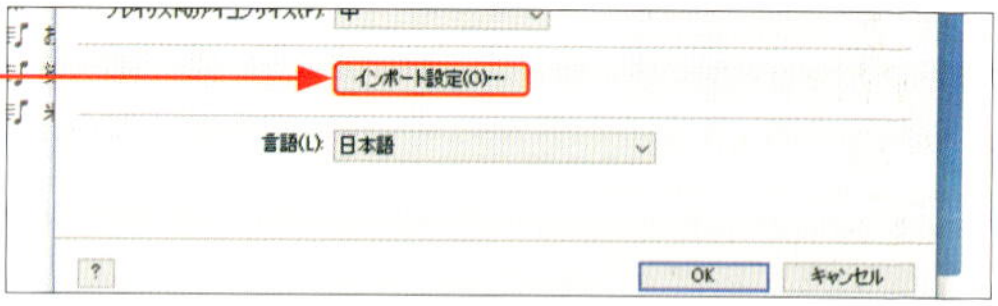

❺ インポート方法で<MP3エンコーダ>をクリックして選択し、

❻ <OK>をクリックします。

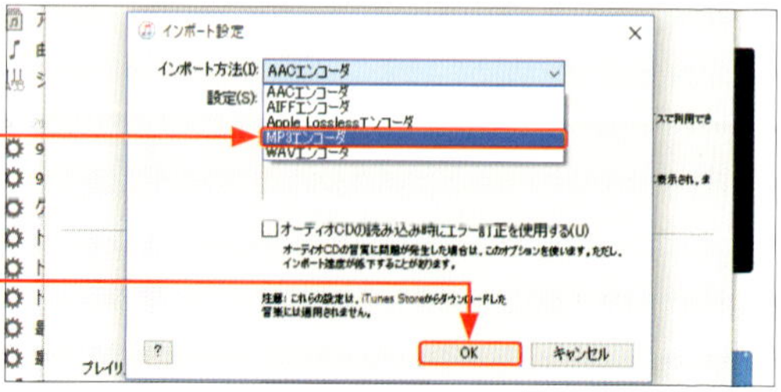

❼ <OK>をクリックします。

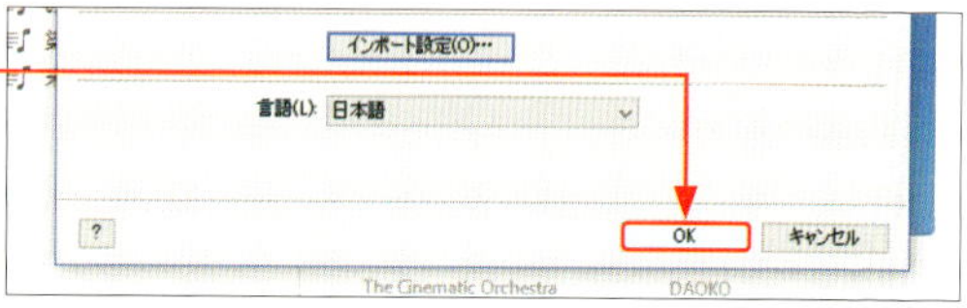

❽ 楽曲をクリックして選択します。

❾ <ファイル>をクリックし、

❿ <変換>をクリックし、

⓫ <MP3バージョンを作成>をクリックします。

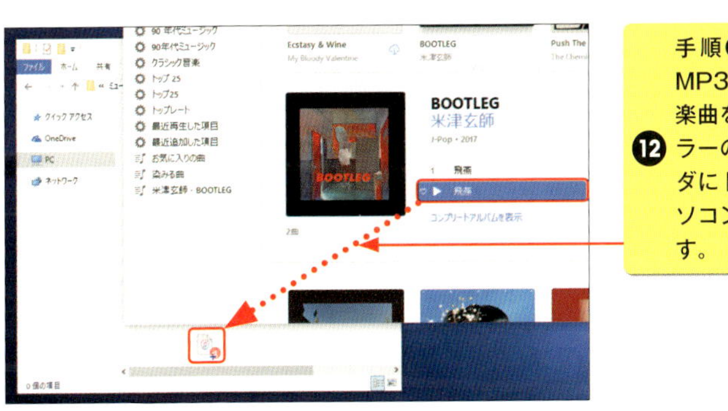

⓬ 手順⓫で作成したMP3バージョンの楽曲をエクスプローラーの任意のフォルダにドラッグし、パソコン上に保存します。

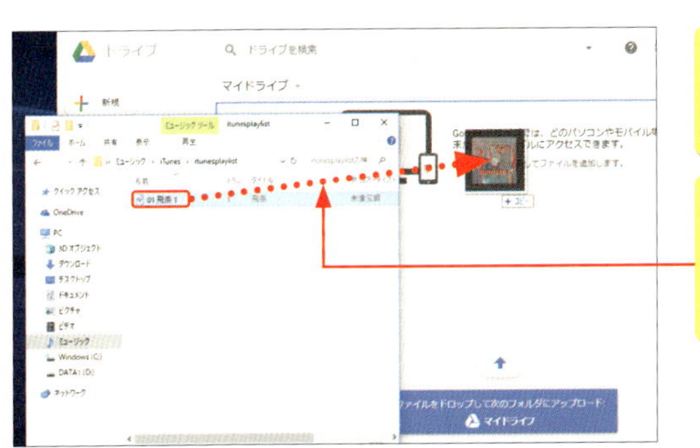

⓭ クラウド(ここでは「Googleドライブ」)を表示し、

⓮ 手順⓬の楽曲をクラウドにドラッグしてアップロードします。

2 Amazon Fire TVでiTunesの楽曲を再生する

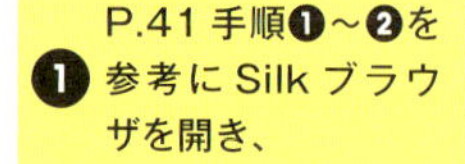

❶ P.41 手順❶～❷を参考に Silk ブラウザを開き、

❷ <ウェブを検索、または URL を入力>を選んで◎を押します。

❸ <google>と入力し、

❹ ⏯ボタンを押します。

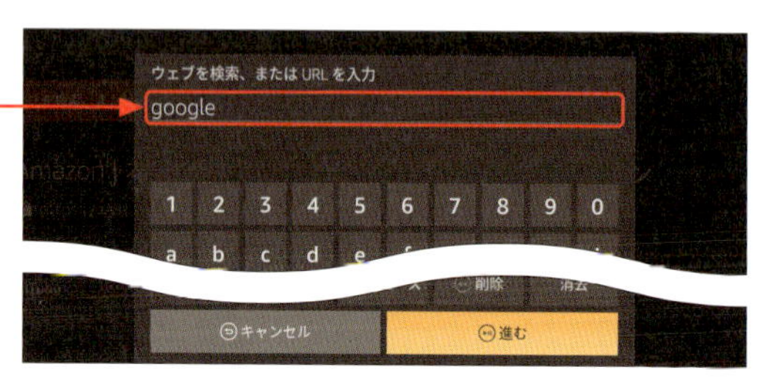

❺ <Google>を選んで◎を押します。

❻ Google にログインした状態で、⋮⋮⋮(Fire TV Stick の場合は<もっと見る>）を選んで◎を押し、

❼ <ドライブ>を選んで◎を押します。

❽ 楽曲を選んで◎を押すと、楽曲が再生されます。

◆第6章◆

プライムフォトで写真や動画を鑑賞しよう

Section 58

プライムフォトとは

プライム会員に登録していれば、パソコンで「プライムフォト」にアップロードした写真や動画を、テレビの大画面で楽しむことができます。プライムフォトは、「Prime Photos」アプリで利用することができます。

1 プライムフォトはこんなサービス

プライムフォトとは、Amazon プライム（P.49 参照）の特典で、パソコンやスマートフォン内の写真を容量無制限に保存できるサービスです。容量無制限の写真ストレージに加え、動画やドキュメントなど写真以外のファイルを 5GB まで無料で保存できます。また、写真を「ファミリーフォルダ」に追加することで、ほかのユーザーとその写真を共有することが可能です。ユーザーは最大 5 人を招待でき、招待されたユーザーも写真を閲覧・編集することができます。 Amazon Fire TV では、「Prime Photos」アプリを使用し、パソコンやスマートフォンからアップロードした写真や動画を、テレビの画面で見ることができます。家族や友だちと写真をいっしょに見たり、スライドショーで旅行の思い出を振り返ったりして活用してみましょう。

「Prime Photos」アプリでは、写真や動画を閲覧することができます。写真や動画の追加やアルバムの作成などは、パソコンやスマートフォンから行います。

2 「Prime Photos」アプリの画面

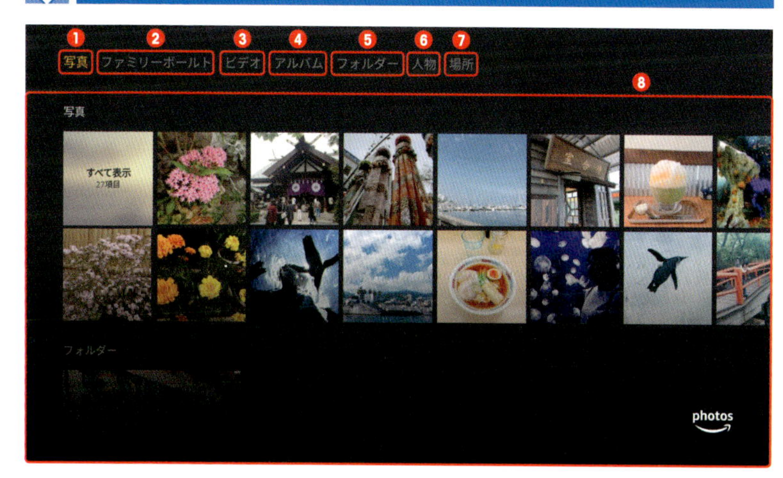

❶写真
写真が撮影日順／アップロード日順に一覧で表示されます。
❷ファミリーボールト
ファミリーフォルダに追加された写真が表示されます。
❸ビデオ
すべての動画が一覧で表示されます。
❹アルバム
作成したアルバムが表示されます。
❺フォルダー
フォルダーが自動で作成され、表示されます。
❻人物
人物別に写真が振り分けられ、表示されます。
❼場所
GPS座標付きの写真が場所別に表示されます。
❽トップページ
写真やファミリーボールト、アルバムなどが一覧で表示されます。

人物の認識について

プライムフォトは、人物を認識して写真を分類することが可能です。写真をアップロードしたあと、人物が認識されるまでしばらく時間がかかることがあります。また、人物の認識には、同一人物の写真が複数枚必要な場合があります。

Section 59

プライムフォトに写真や動画をアップロードしよう

Amazon Fire TVで写真や動画を見るために、プライムフォトに写真や動画を追加してみましょう。ここでは、パソコンのWebブラウザからプライムフォトへ写真と動画を追加する方法を説明します。

1 プライムフォトに写真や動画をアップロードする

❶ パソコンのWebブラウザで「https://www.amazon.co.jp/clouddrive/primephotos」を開き、

❷ <サインイン>をクリックします。

❸ ID（メールアドレス、または携帯番号やアカウントの番号）とAmazonのパスワードを入力し、

❹ <ログイン>をクリックします。

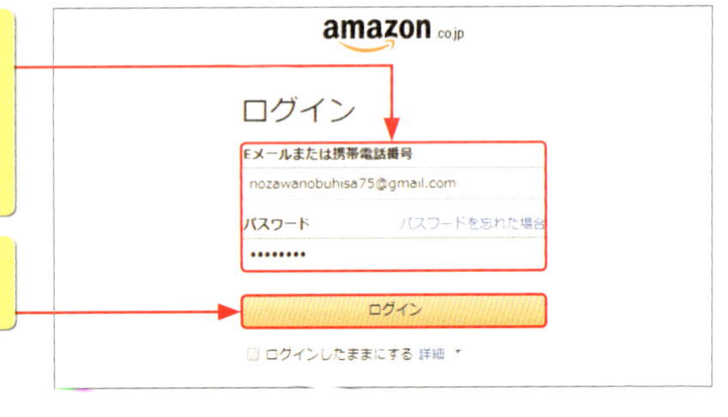

❺ プライムフォトのトップページが表示されたら、<追加>をクリックし、

❻ <写真をアップロード>をクリックします。

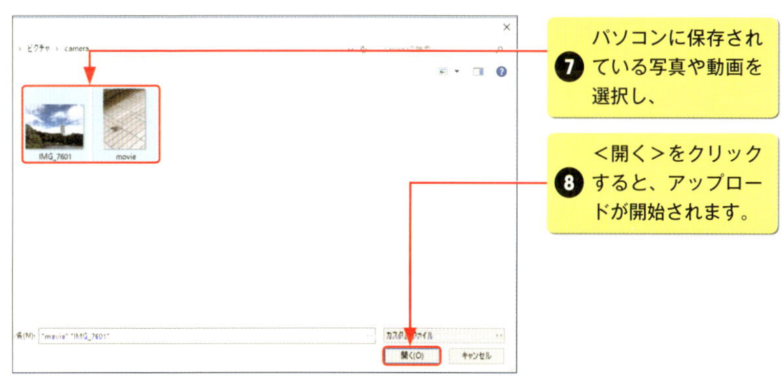

❼ パソコンに保存されている写真や動画を選択し、

❽ <開く>をクリックすると、アップロードが開始されます。

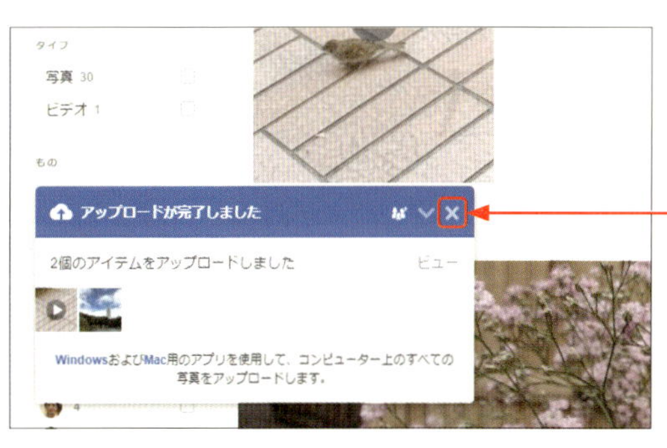

❾ アップロードが完了すると、ポップアップが表示されます。

❿ ☒をクリックして、ポップアップを閉じます。

Memo ファミリーフォルダにほかの人を招待する

ファミリーフォルダは、自分以外の家族や友だちなど（最大5人）も閲覧・編集できます。ファミリーフォルダにほかの人を招待するには、左ページ手順❺の画面で<ファミリーフォルダ>→<他を招待>の順にクリックし、招待する人のメールアドレスを入力して<招待の送信>をクリックします。

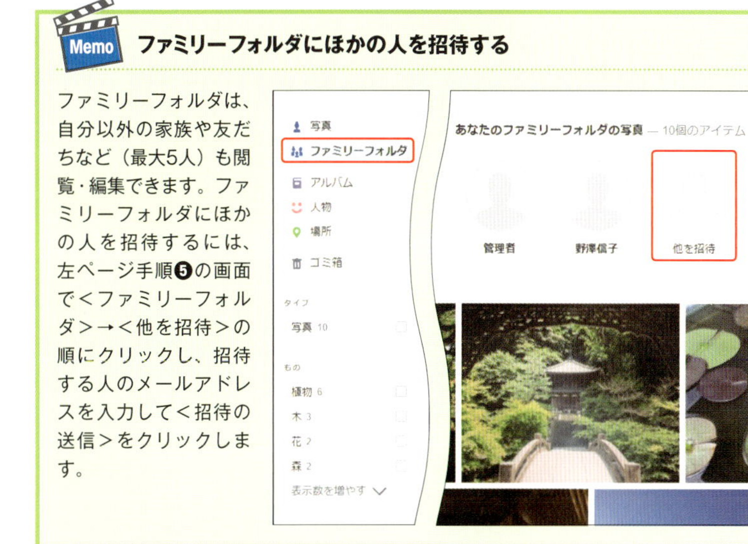

第6章 プライムフォトで写真や動画を鑑賞しよう

写真や動画を表示しよう

プライムフォトに追加した写真や動画を、Amazon Fire TVで表示してみましょう。ここでは、写真や動画を選択して表示する方法と、動画だけ表示する方法を説明します。

1 写真や動画を表示する

❶「Prime Photos」アプリを開き、

❷＜写真＞を選んで◉を押します。

❸写真または動画を選んで◉を押します。

❹写真や動画が表示されます。

2 動画を表示する

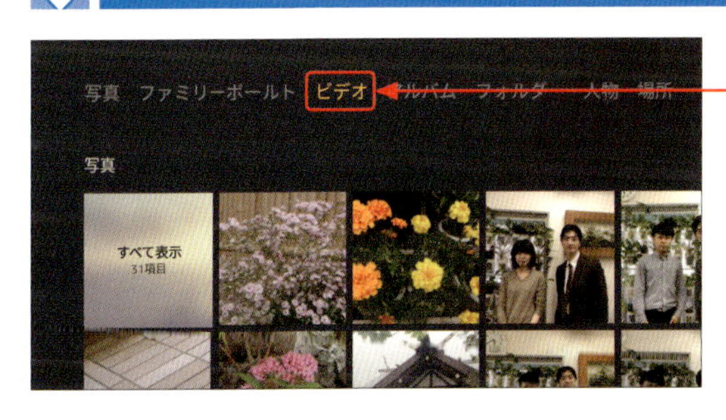

❶ <ビデオ>を選んで◉を押します。

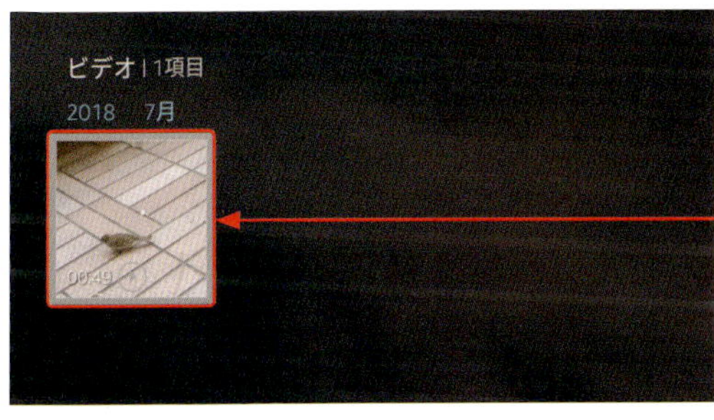

❷ 動画を選んで◉を押します。

❸ 動画が再生されます。

❹ ≡ボタンを押します。

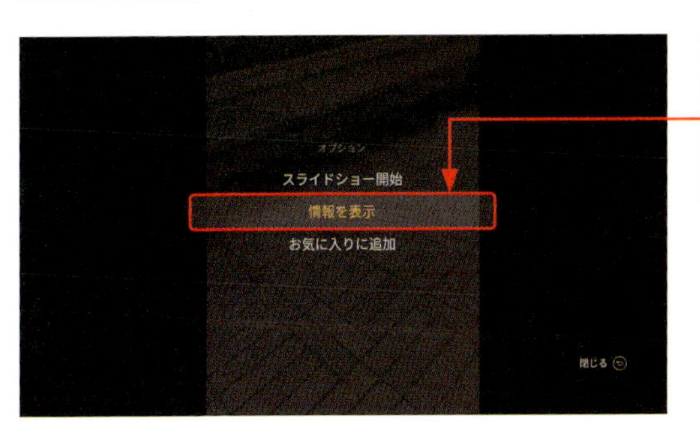

❺ <情報を表示>を選んで◉を押すと、動画の情報が表示されます。

Section 61

スライドショーで写真を鑑賞しよう

プライムフォトに追加した写真を、スライドショーで楽しむことができます。スライドのスタイルや切り替えの速度を選択したり、写真の表示順をシャッフルする機能を利用することも可能です。

1 スライドショーで閲覧する

❶ Sec.60を参考に写真を一覧表示（ここでは「写真」画面を表示）し、

❷ ⏯ボタンを押します。

❸ スライドショーが開始されます。

❹ ⏯ボタンを押すと、スライドショーが再生／一時停止されます。なお、動画を表示中の場合は動画が再生されます。

❺ 自動的に次の写真や動画が表示されます。

❻ <ナビゲーション>の左右を押すと、手動で前後の写真を表示することができます。

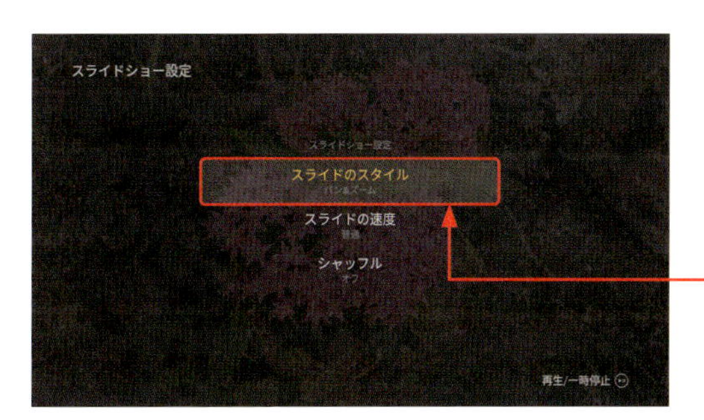

❼ ボタンを押すと、「スライドショー設定」画面が表示されます。

❽ ここでは、<スライドのスタイル>を選んで を押します。

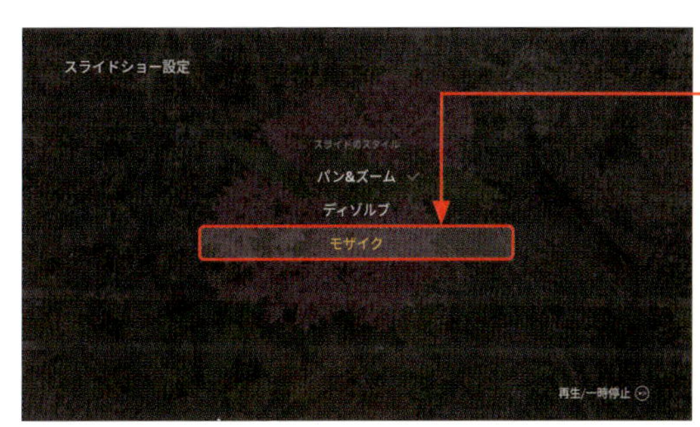

❾ ここでは、<モザイク>を選んで を押し、

❿ ボタンを押します。

⓫ スライドショーの表示スタイルが変更されます。

⓬ ボタンを押すと、スライドショーが終了します。

スライドショーについて

「写真」以外でも、「ファミリーボールト」、「ビデオ」、各アルバムなど、すべての表示方法において、 ボタンを押すことでスライドショーを見ることができます。

Section 62

アルバムを作成しよう

被写体や撮影場所ごとに複数の写真や動画をまとめて、アルバムを作成しましょう。アルバムは「Prime Photos」アプリから作成できないため、Webブラウザから作成する必要があります。

1 パソコンでアルバムを作成する

❶ P.160 手順❶～❹を参考に、パソコンのWebブラウザでプライムフォトのトップページを開き、

❷ ＜追加＞をクリックし、

❸ ＜アルバムを作成する＞をクリックします。

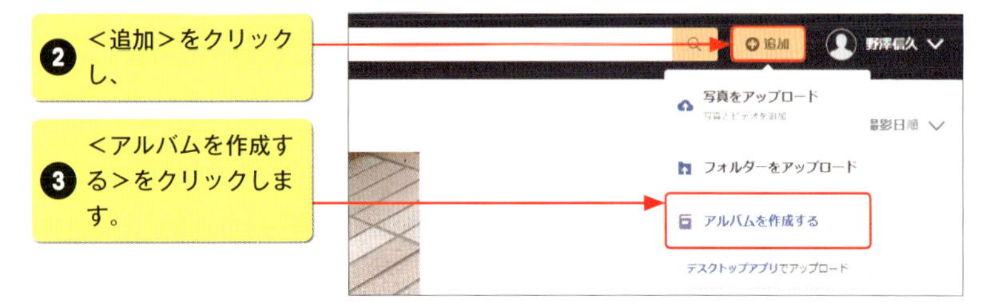

❹ アルバムに追加する写真または動画の☑をクリックして選択します。

❺ ＜アルバムを作成する＞をクリックします。

6 <タイトルなしのアルバム>をクリックし、アルバムのタイトルを入力します。

7 <アルバムを保存>をクリックします。

8 アルバムが作成されます。

プライムフォトで作成したアルバムを見る

画面左の<アルバム>をクリックすると、作成したアルバムが一覧で表示されます。任意のアルバムをクリックすると、アルバムが表示されます。

Section 63

アルバムの写真を鑑賞しよう

Amazon Fire TVの「Prime Photos」アプリを使って、アルバム内の写真や動画をテレビの画面で鑑賞しましょう。アルバムの作成方法については、Sec.62を参照してください。

1 アルバムの写真を閲覧する

❶「Prime Photos」アプリを開き、<アルバム>を選んで◉を押します。

❷アルバムを選んで◉を押します。

❸アルバム内の写真や動画が一覧で表示されます。

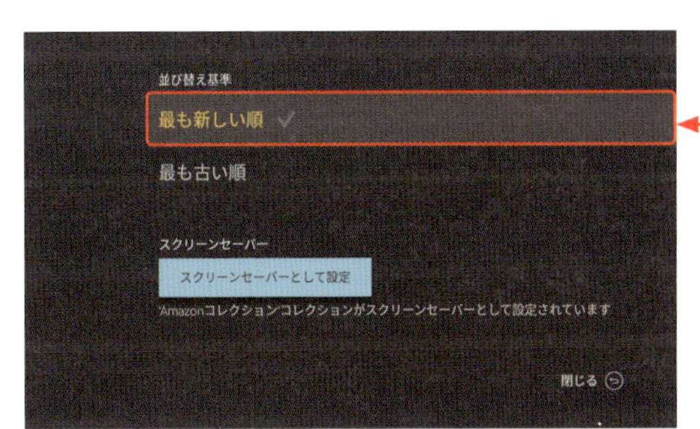

❹ ボタンを押し、

❺ <最も新しい順>を選んで◉を押し、

❻ ボタンを押します。

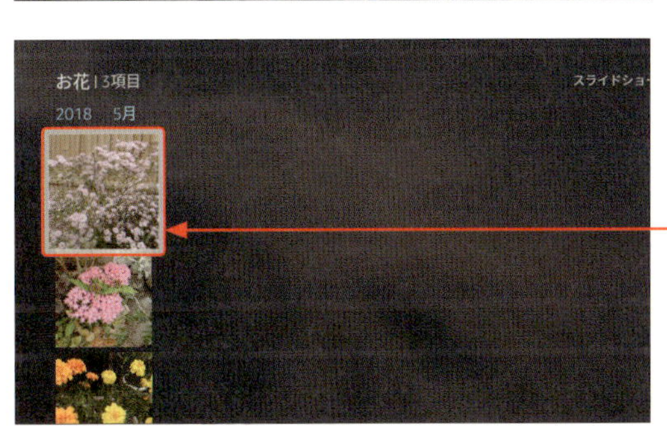

❼ アルバム内の写真が、新しい順に表示されます。

❽ 写真や動画を選んで◉を押します。

❾ 写真や動画が表示されます。

❿ <ナビゲーション>の左右を押すと、前後の写真や動画が表示されます。

特定の写真や動画を表示しないようにしよう

スマートフォンの「Amazonのプライム・フォト」(iPhoneの場合は「AmazonのPrime Photos」)アプリから、特定の写真や動画を非表示にすることができます。

1 写真や動画を非表示にする

スマートフォンの「Amazon のプライム・フォト」アプリを利用すると、写真や動画を非表示にすることができます。スマートフォンで非表示にした写真は、Amazon Fire TV やパソコンでも非表示になります。なお、「Amazon のプライム・フォト」アプリは「Play ストア」や「App Store」でインストールし、アプリを起動してログインをしておく必要があります。

❶ ホーム画面で<Prime Photos>をタップします。

❷ 写真や動画をタップします。

❸ ⋮(iPhone の場合は…)をタップします。

❹ <非表示>をタップします。iPhoneの場合は、もう一度<非表示>をタップします。

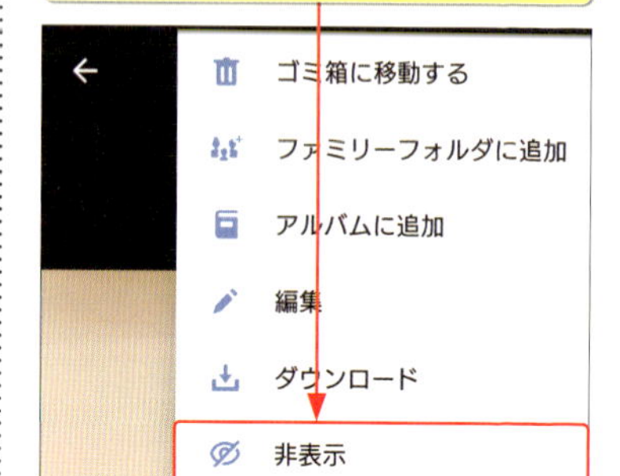

2 非表示にした写真や動画を再表示する

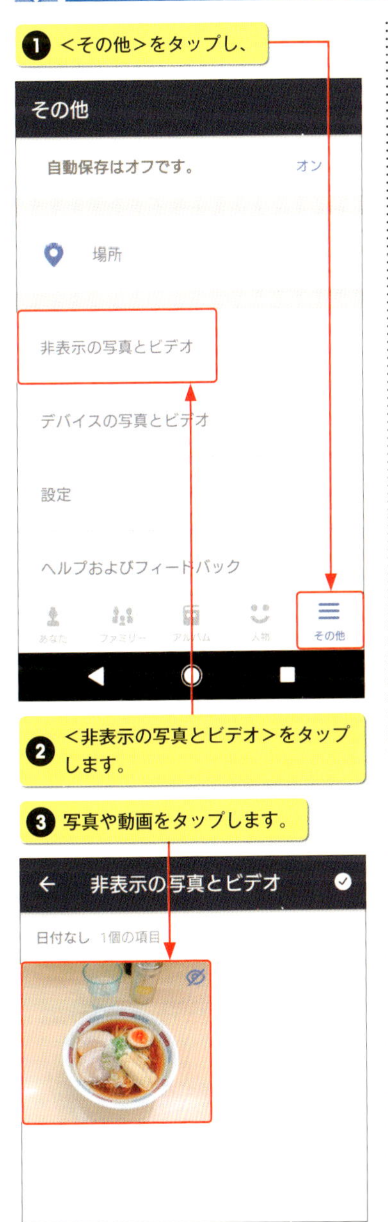

1 <その他>をタップし、

2 <非表示の写真とビデオ>をタップします。

3 写真や動画をタップします。

4 ⋮（iPhoneの場合は⋯）をタップします。

5 <再表示>をタップします。iPhoneの場合は、もう一度<再表示>をタップします。

Section 65

写真をスクリーンセーバーに設定しよう

アルバムの写真を、Amazon Fire TVのスクリーンセーバーに設定することができます。アルバムをスクリーンセーバーに設定するには、P.168を参考にアルバムを表示します。

1 アルバムをスクリーンセーバーに設定する

❶ P.168を参考にアルバムを表示します。

❷ ⊜ボタンを押します。

❸ ＜スクリーンセーバーとして設定＞を選んで◉を押します。

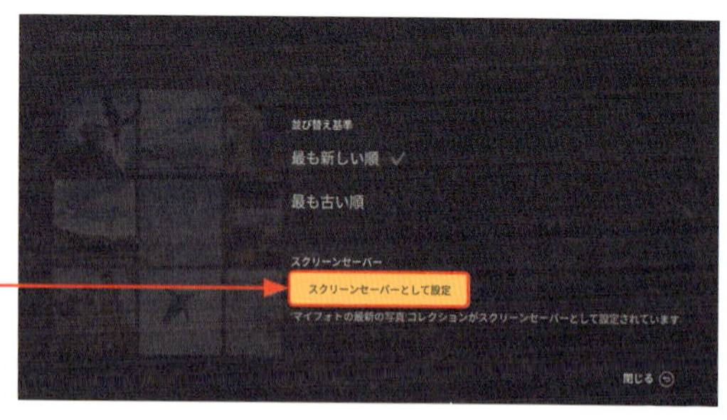

❹ アルバムがスクリーンセーバーに設定されます。

❺ 任意でスクリーンセーバーの設定を行います。

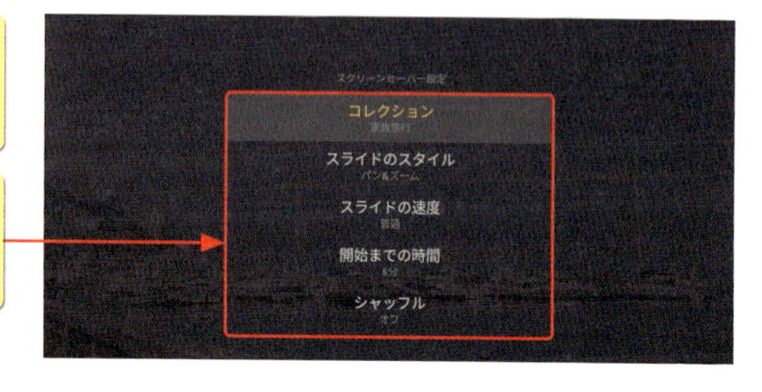

◆第7章◆

Amazon Fire TVをより快適に使おう

Section 66

Bluetoothイヤホンでサウンド環境を構築しよう

深夜や外出先での利用時など、大きな音を出せない際は、イヤホンやヘッドホンを利用してコンテンツを楽しみましょう。ここでは、BluetoothイヤホンをAmazon Fire TVに接続する方法を紹介します。

1 Bluetoothイヤホンを接続する

❶ <設定>を選んで、

❷ <コントローラーとBluetooth端末>を選んで◉を押します。

❸ <その他のBluetooth端末>を選んで◉を押します。

❹ <Bluetooth端末を追加>を選んで◉を押します。

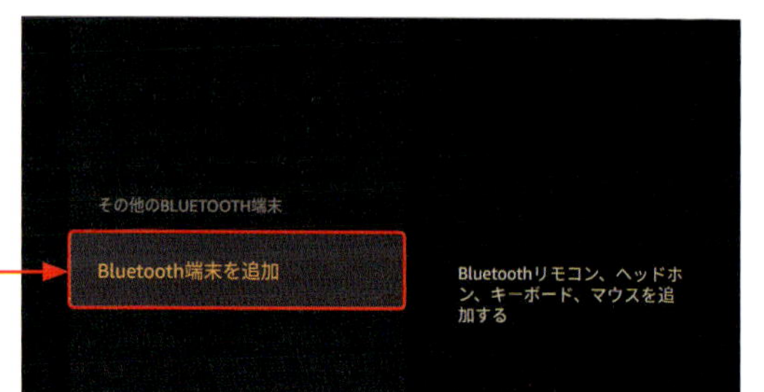

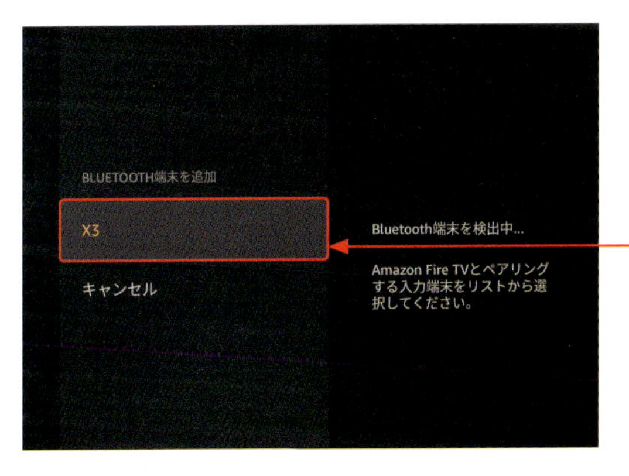

❺ Bluetoothイヤホンの電源をオンにし、ペアリング可能な状態にして、

❻ 接続するBluetoothイヤホンを選んで◉を押します。

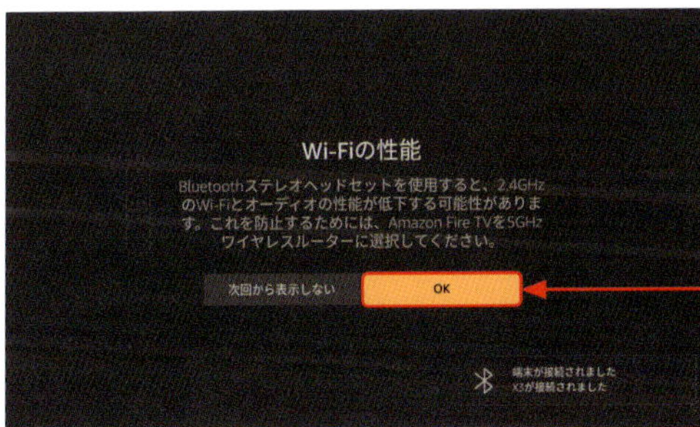

❼ <OK>を選んで◉を押します。

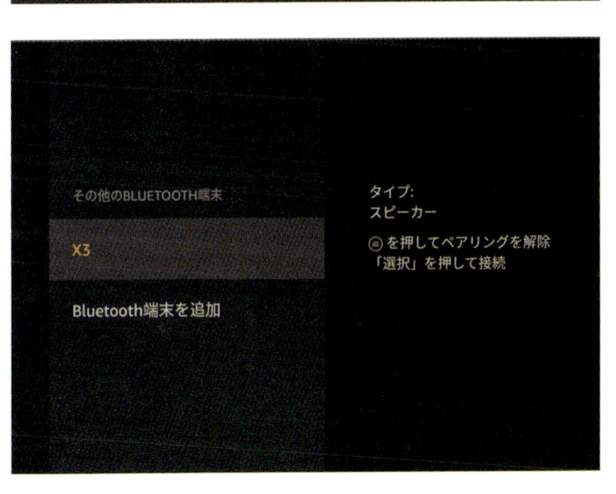

❽ Bluetoothイヤホンが接続されます。

Bluetooth端末の接続解除

Bluetooth端末のペアリングを解除するには、手順❽の画面で解除するBluetooth端末を選び、⊜ボタンを押します。または、Bluetooth端末の電源をオフにします。

Section 67

ワイヤレスキーボードで文字入力をらくにしよう

ワイヤレスキーボードを利用すれば、検索時の文字入力がスムーズになります。接続に機材が必要なく、かんたんにペアリングすることができるBluetoothワイヤレスキーボードの使用をおすすめします。

1 ワイヤレスキーボードを利用する

Bluetooth接続可能なワイヤレスキーボードを利用すれば、検索時の文字入力がらくになります。検索時の文字入力のほか、メールアプリなど文字入力が可能なアプリでも、キーボードを利用することが可能です。ただし、キーボード入力に対応していないアプリでは利用できません。

Sec.66を参考に、Bluetoothワイヤレスキーボードをペアリングすることで、文字入力をする際にキーボードを利用できるようになります。なお、Sec.66手順❻のあと、キーボードでコードの入力を求められることがあります。その場合は、キーボードで指定されたコードを入力し、Enterキー（returnキー）を押します。

Sec.66手順❻のあと、キーボードでコードの入力を求められた場合は、指定されたコードを入力し、Enterキー（returnキー）を押します。

検索画面で、キーボードによる文字入力をすることができます。キーボードコントロールについては、右ページを参照してください。

2 キーボードからFire TVをコントロールする

ここでは、Amazon Fire TVで利用できるキーボードコントロールの一例を紹介します。使用するキーボードにより、対応するキーや動作が異なる場合があります。また、一部のキーボードには、メディアコントロールキーがあり、動画の操作を行えることがあります。

キー	アクション
Enter	選択
↑／↓	上／下の移動（動画再生中は操作画面などの表示）
←／→	左／右の移動（動画再生中は10秒前に戻す／10秒先に進む。長押しすると、早戻し／早送り）
スペース	文字変換（動画再生中は再生／一時停止）
Tab	項目の移動
Esc	戻る
Shift＋スペース	文字入力の切り替え
Delete	1文字削除

Memo Bluetoothマウスの使用はできる?

Sec.66を参考にペアリングすることで、Bluetoothマウスを Amazon Fire TVに接続することができます。右図のようなマウスに対応するアプリ（ここでは「ES File Explorer File Manager」アプリ）では、マウスポインターで項目をらくに選択できるようになります。ただし、Fire TVのホーム画面や各メニュー画面、マウスに対応していないアプリでは操作できません。

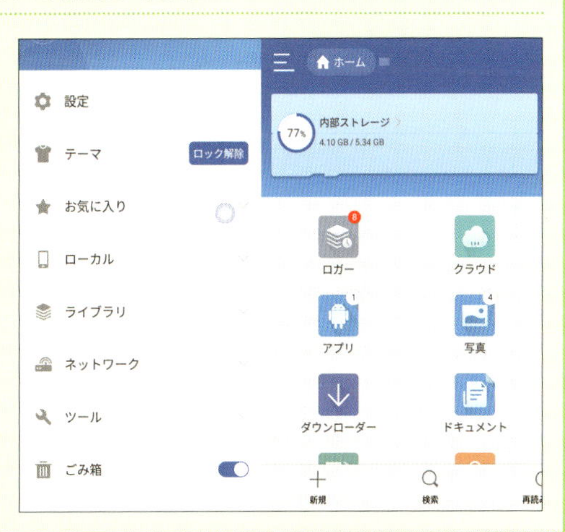

有線LANで接続しよう

「Amazonイーサネットアダプタ」があれば、Amazon Fire TVを有線LANに接続することができます。有線LANを利用すると、高速かつ安定したインターネット接続が可能になります。

1 Amazonイーサネットアダプタとは

Amazon イーサネットアダプタは、Amazon Fire TV を有線 LAN に接続するためのアダプタです。Wi-Fi でインターネットに接続すると、映像が乱れたり、データの読み込みに時間がかかったりする場合があります。そのような場合、このアダプタを利用して有線接続をするとよいでしょう。Amazon Fire TV に接続した Amazon イーサネットアダプタに、電源ケーブルと LAN ケーブルをつなぐだけで、かんたんにセットアップを行えます。また、通信速度は 10/100Mbps です。なお、Amazon イーサネットアダプタは、Fire TV の第 3 世代、Fire TV Stick の第 2 世代のみ対応しています。Amazon で 1,780 円（税込）で購入することができます。

Memo 有線LAN接続を確認する

右ページのようにAmazonイーサネットアダプタをセットアップし、＜設定＞→＜ネットワーク＞の順に選び、「有線（接続済み）」と表示されたら、Amazon Fire TVは有線LANで接続されています。

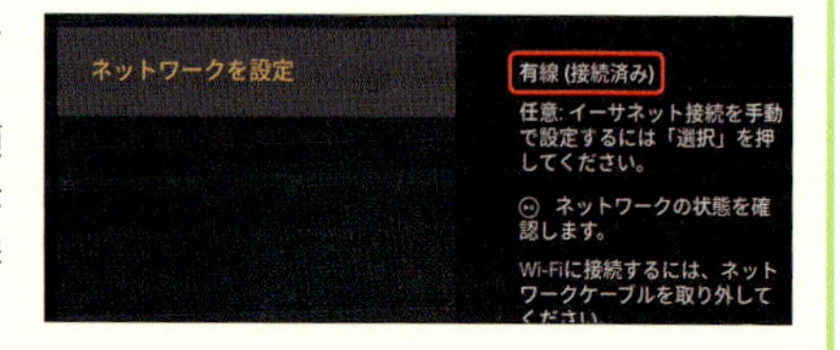

2 Amazonイーサネットアダプタを接続する

❶ USB電源ケーブルのUSB端子側を、電源アダプタに接続します。

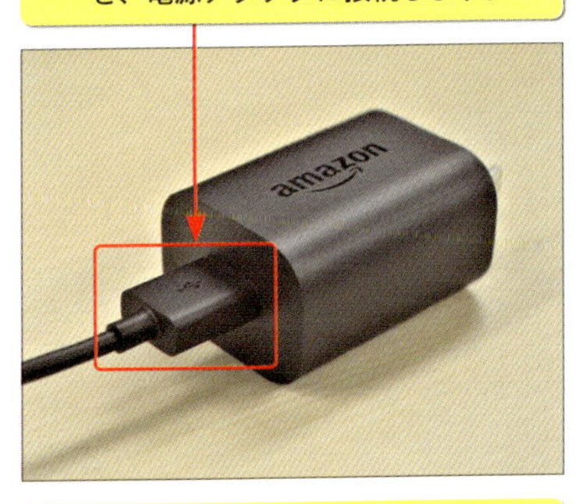

❷ 電源アダプタをコンセントに差し込みます。

❸ Amazon Fire TV本体に、Amazonイーサネットアダプタの Micro USB端子を接続します。

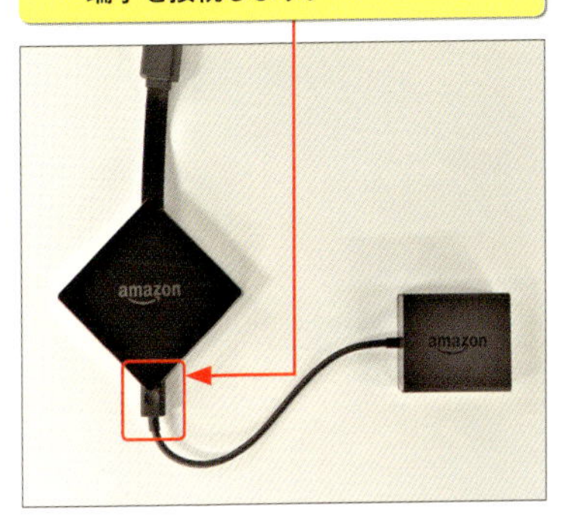

❹ Amazonイーサネットアダプタに、USB電源ケーブルのMicro USB端子側を接続し、

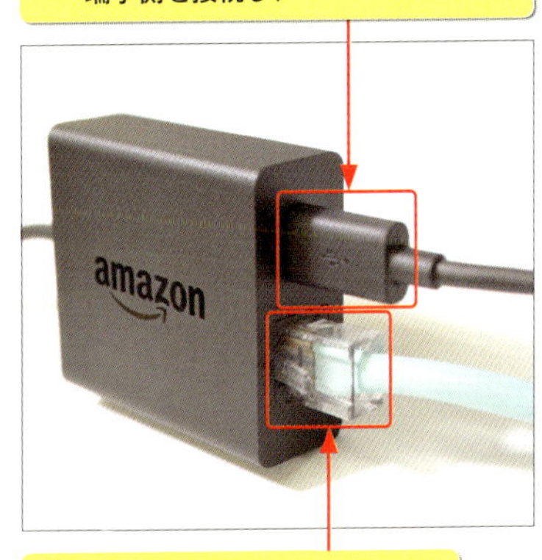

❺ LANケーブルを接続します。

❻ Amazon Fire TV本体のHDMI端子をテレビに接続します。

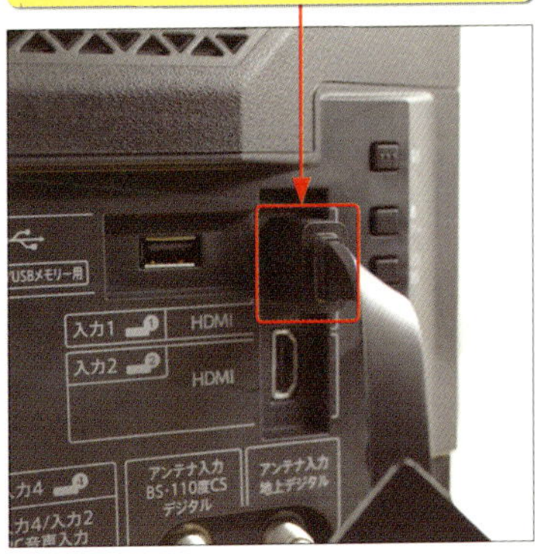

Memo 再度Wi-Fiに接続する

有線でのインターネット接続からWi-Fiでの接続に戻すには、Amazon Fire TVからLANケーブルを取り外すだけです。

サウンドの出力設定をしよう

ここでは、サウンド出力を設定する方法を紹介します。 Amazon Fire TVはDolby Audioに対応しており、Dolby Digital、Dolby Digital Plusを利用した複数のモードを利用できます。

1 Dolby Digital出力設定をする

Amazon Fire TV は、Dolby Audio に対応しており、テレビ放送の世界標準技術である Dolby Digital のほか、スピーカーの再生システムに合わせてサウンドを最適化する Dolby Digital Plus も利用できます。初期状態のサウンド出力設定は、Dolby Digital Plus を自動的に有効にする「Dolby Digital Plus 自動」に設定されています。そのほか、「Dolby Digital Plus オフ」「Dolby Digital Plus(HDMI)」「Dolby Digital (HDMI)」(HDMI 接続オーディオ端末を使用している場合) の中から出力設定を選ぶことができます。

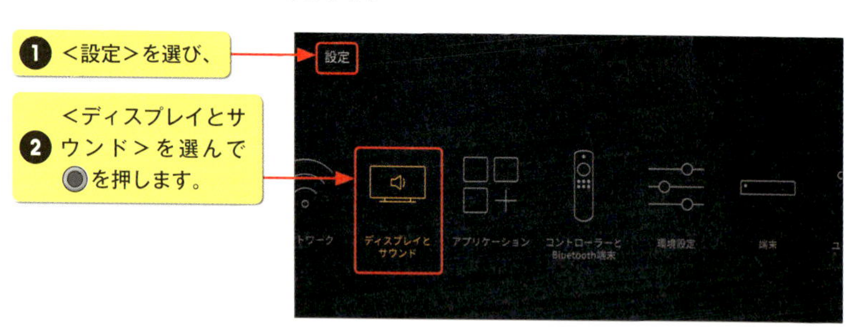

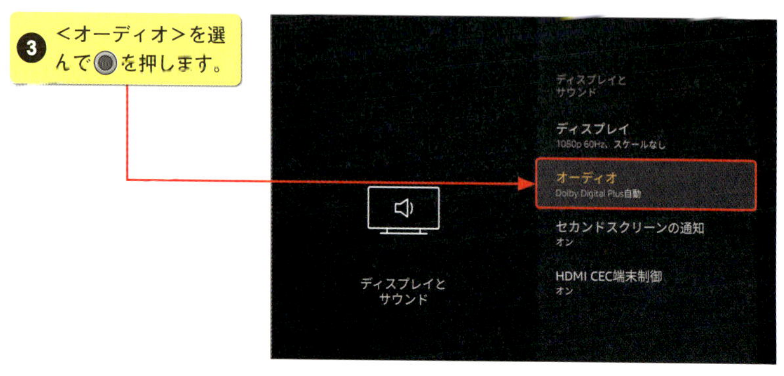

❹ <Dolby Digital出力>を選んで◉を押します。

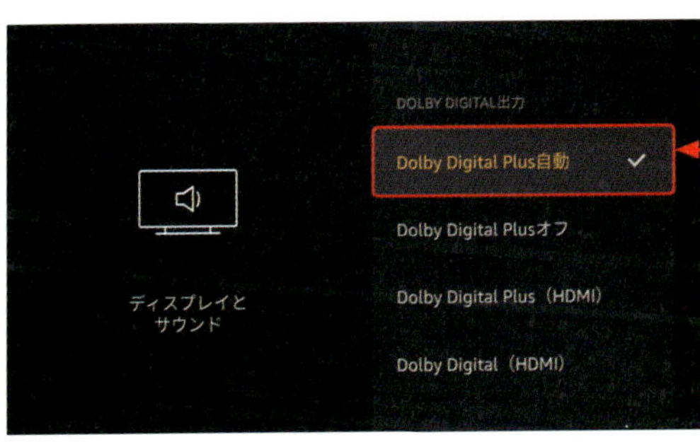

❺ 任意の出力を選んで◉を押します。

Dolby Atmos対応のAVアンプやサウンドバーで立体音響を楽しもう

Fire TVは、世界中のシネマで採用されているドルビーラボラトリーズの立体音響技術「Dolby Atmos®（ドルビーアトモス）」に対応しており、Dolby Atmos対応のAVアンプやサウンドバーを使って、リビングルームでも映画館にいるような臨場感あふれる視聴体験を楽しめます。詳細は、ドルビーラボラトリーズの公式サイト（https://www.dolby.com/jp/ja/technologies/home/dolby-atmos.html）を参照してください。なお、Dolby Atmosを楽しめるのは、Dolby Atmos対応コンテンツを視聴する際のみとなります。また、Dolby AtmosはFire TV Stickには対応していません。
※Dolby、ドルビー、Dolby AtmosおよびダブルD記号（DOLBY ATMOS）はドルビーラボラトリーズの登録商標です。

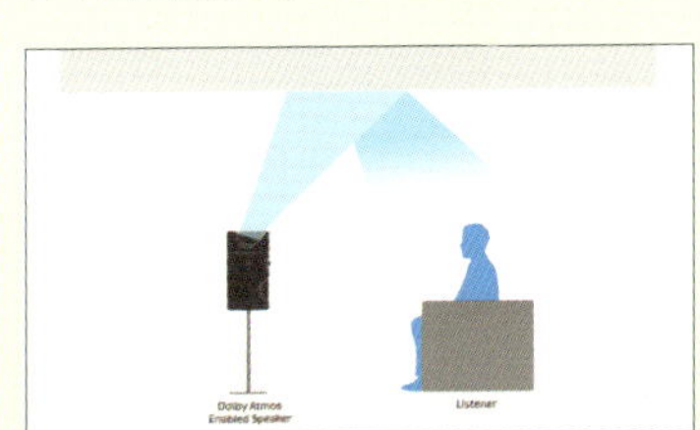

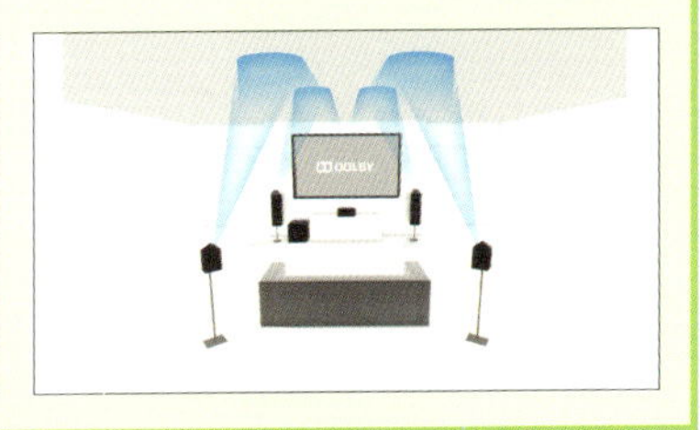

Section 70

Silkブラウザの音声検索でインターネットを活用しよう

音声検索で入力したキーワードを、Silkブラウザで検索することができます。ここでは、Silkブラウザで音声検索をする方法と、画像・動画・ニュースを検索する方法を紹介します。

1 Silkブラウザで音声検索をする

❶ P.42手順❶～❸を参考に、音声検索を行います。

❷ 検索結果画面で「SILK」アプリを選んで◉を押します。

❸ 音声検索で入力したキーワード（ここでは「Amazon」）が、Silkブラウザで検索されます。

 画像・動画・ニュースを検索する

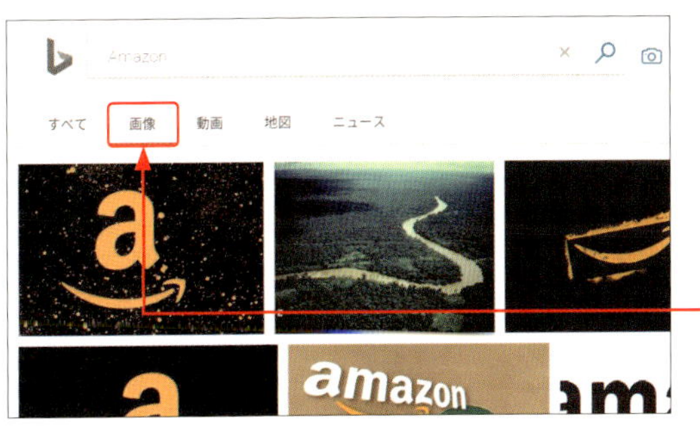

❶ 左ページ手順❶〜❸を参考に、Silkブラウザで音声検索を行います。

❷ <画像>を選んで◎を押すと、キーワードに関連する画像が検索され、表示されます。

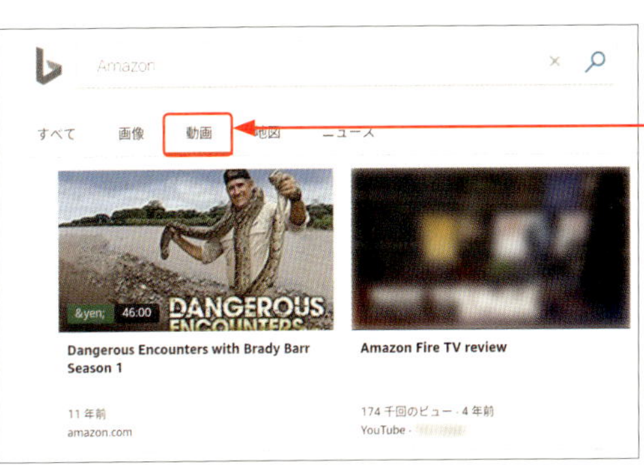

❸ <動画>を選んで◎を押すと、キーワードに関連する動画が検索され、表示されます。

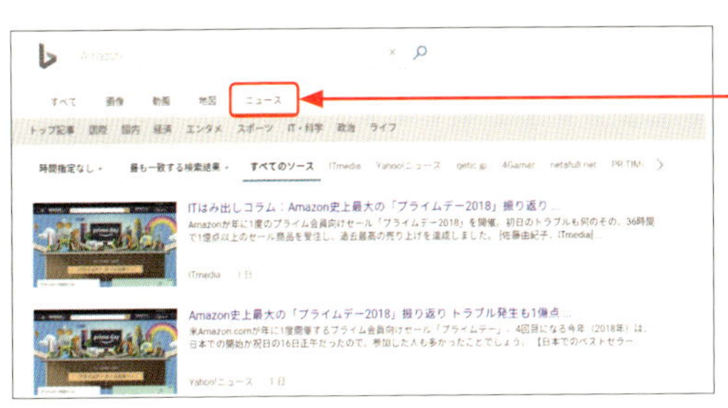

❹ <ニュース>を選んで◎を押すと、キーワードに関連するニュースが検索され、表示されます。

> **Memo　ニュースを絞り込む**
>
> 手順❹の画面で、<トップ記事><国際><国内>などを選んで◎を押すと、内容で絞り込んでニュースを検索することができます。また、<時間指定なし>を選んで◎を押し、任意の時間を選んで◎を押すと、指定時間内に更新されたニュースだけを検索することができます。

Section 71

Silkブラウザのブックマーク機能を活用しよう

よく利用するページはSilkブラウザのブックマークに保存し、すぐにアクセスできるようにしておくと便利です。ここでは、ブックマークを追加する方法と、削除する方法を紹介します。

1 ブックマークを追加する

❶ Silkブラウザでブックマークに追加したいページを表示し、

❷ ボタンを押します。

❸ <ブックマークを追加>を選んで を押します。

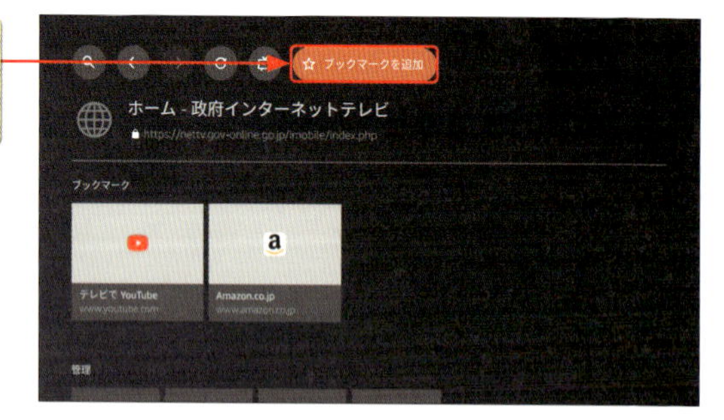

❹ 新しくブックマークが追加されます。

2 ブックマークを削除する

❶ ⊜ボタンを押し、

❷ 削除するブックマークを選んで⊜ボタンを押します。

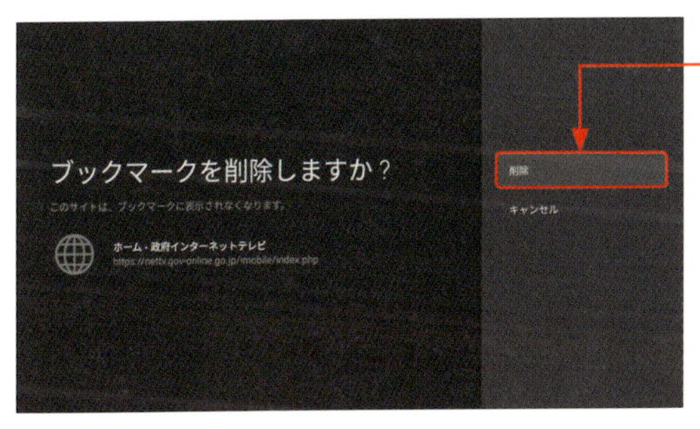

❸ ＜削除＞を選んで◉を押します。

❹ ブックマークが削除されます。

ブックマークの利用

ブックマークに登録したページを表示するには、Silkブラウザを開いて⊜ボタンを押し、「ブックマーク」に表示される任意のページを選んで◉を押します。
なお、初期状態で「テレビでYouTube」と「Amazon.co.jp」というブックマークが登録されていますが、任意で削除することができます。

Section 72

Silkブラウザの履歴を削除しよう

期間を指定してSilkブラウザの閲覧履歴やCookie、サイトデータ、キャッシュなどを削除することができます。履歴の削除など、Silkブラウザの管理をするには、⊜ボタンを押して「管理」から操作をします。

1 閲覧履歴を削除する

❶ Silkブラウザを開き、

❷ ⊜ボタンを押し、

❸ <データの消去>を選んで◉を押します。

❹ ▼を選んで◉を押します。

❺ 履歴を削除する期間を選んで◉を押します。

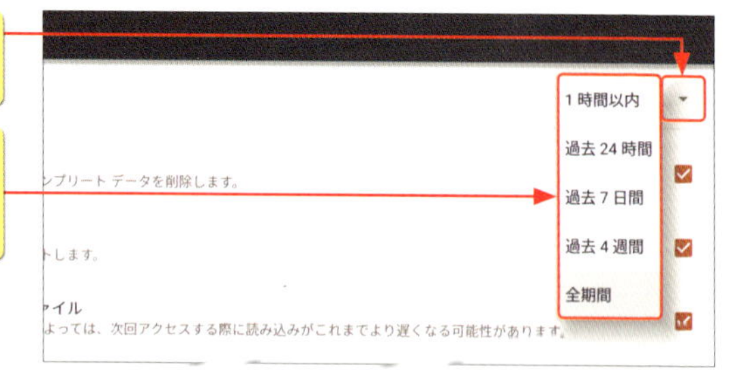

❻ 削除する項目を選択し、

❼ <データを消去>を選んで◉を押します。

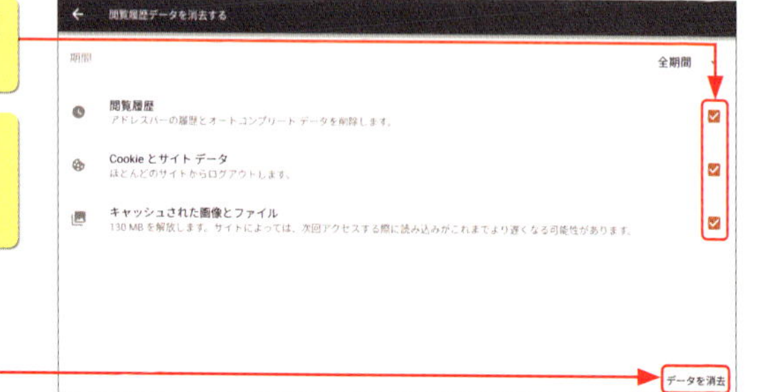

 2 保存したパスワードなどを削除する

❶ 左ページ手順❷の画面で＜設定＞を選んで◉を押します。

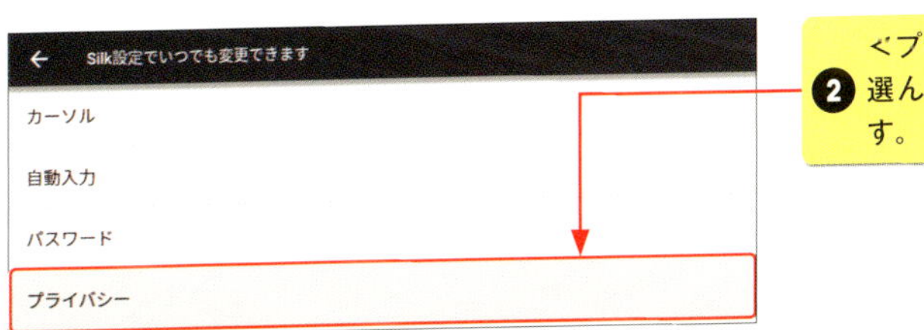

❷ ＜プライバシー＞を選んで◉を押します。

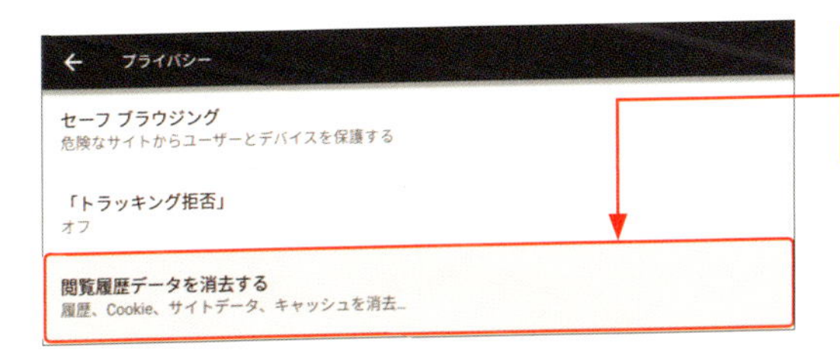

❸ ＜閲覧履歴データを消去する＞を選んで◉を押します。

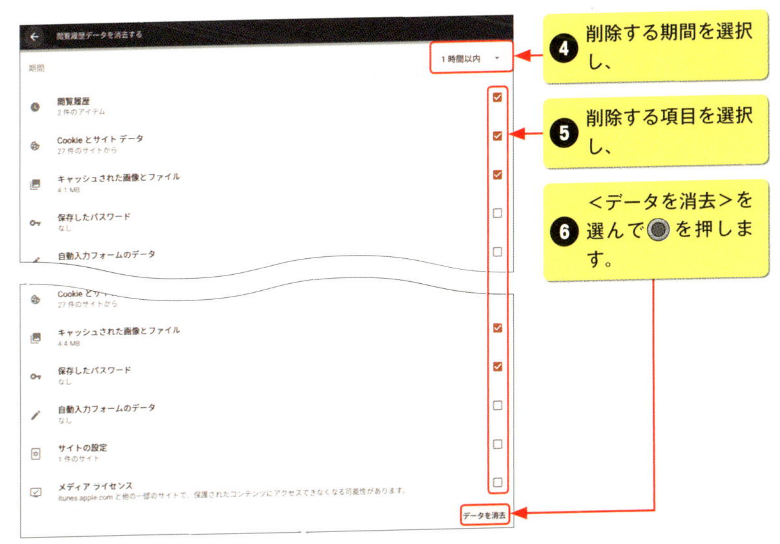

❹ 削除する期間を選択し、

❺ 削除する項目を選択し、

❻ ＜データを消去＞を選んで◉を押します。

Android端末の画面をテレビで楽しもう

Fire TV Stickでは、Android端末の画面をテレビに映す、ミラーリングを行うことができます。ここでは、スマートフォンにダウンロードした動画をテレビの画面で観る方法を紹介します。

1 スマートフォンの動画をテレビで観る

❶ Fire TV Stickで⌂ボタンを長押しし、

❷ <ミラーリング>を選んで◉を押します。

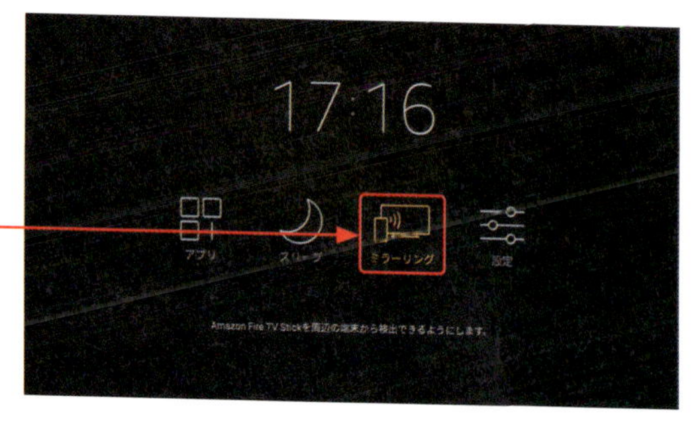

❸ スマートフォンでミラーリングを開始します（P.190参照）。

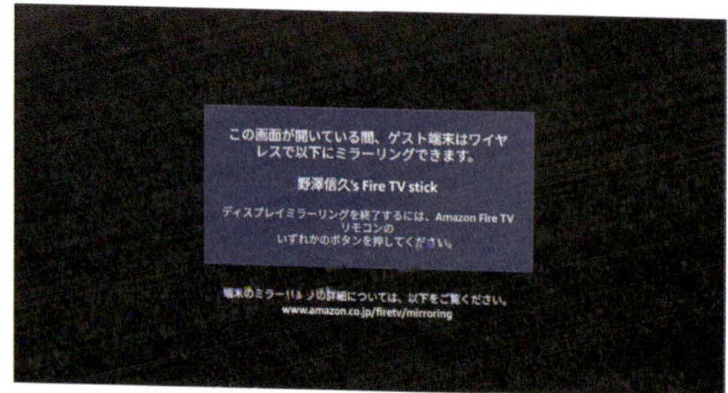

❹ スマートフォンの画面が映ります。操作はスマートフォン上で行います。

❺ <プライム・ビデオ>（Sec.20参照）をタップします。

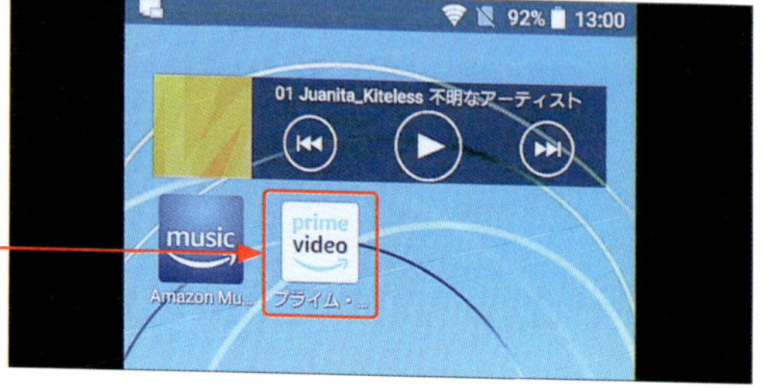

❻ ≡をタップします。

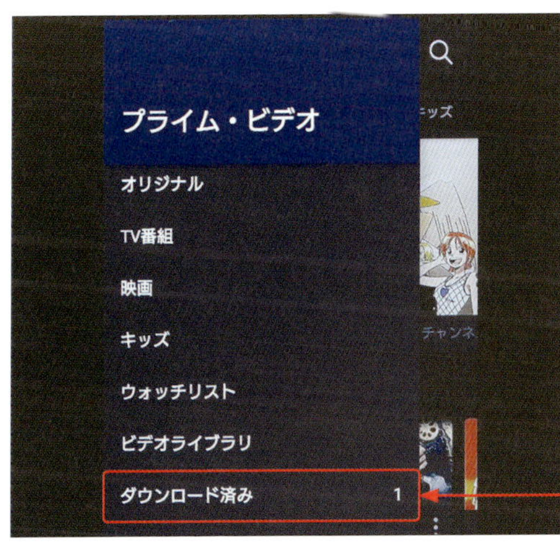

❼ <ダウンロード済み>をタップします。

❽ 動画をタップします。

プライム会員特典の動画をダウンロードする

スマートフォンの「プライム・ビデオ」（iPhoneの場合は「Prime Videos」）アプリでは、ダウンロード可能なプライム会員特典動画があります。ダウンロードするには、ダウンロードする動画→<ダウンロード>の順にタップし、保存場所→画質の順にタップして選択します。ダウンロードした動画は、手順❽の画面に表示されます。

2 スマートフォンでミラーリングを開始する

❶ ホーム画面やアプリ一覧で<設定>をタップします。

❷ <機器接続>をタップします。

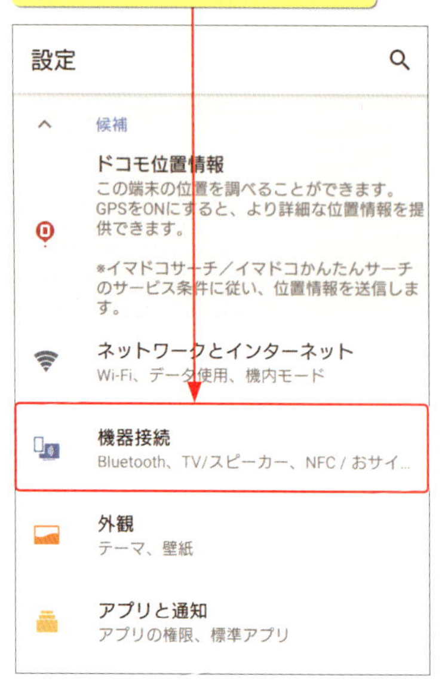

❸ <スクリーンミラーリング>をタップします。

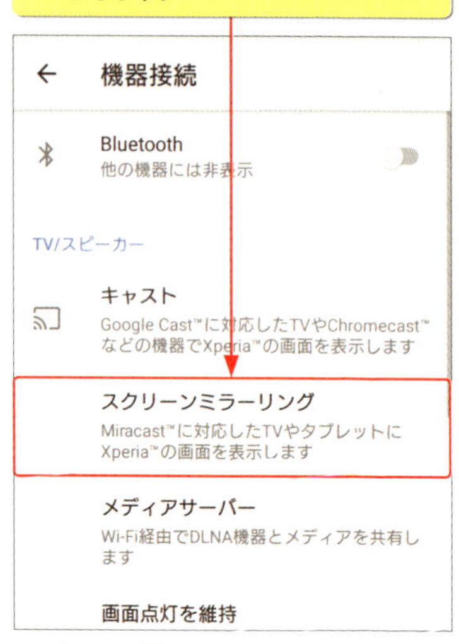

❹ <開始>をタップします。

3 スマートフォンの写真をテレビで観る

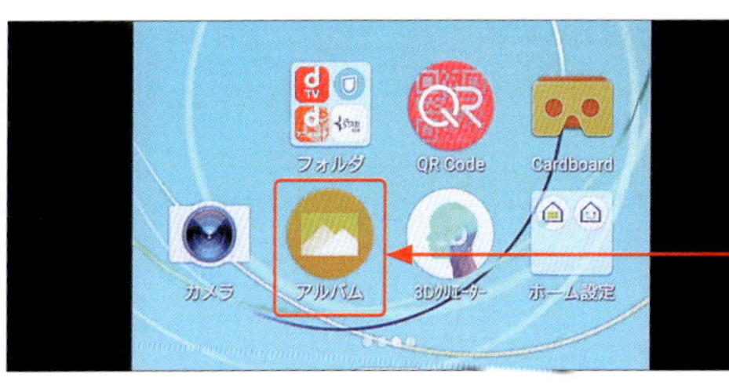

❶ ホーム画面やアプリ一覧で＜アルバム＞をタップします。

❷ 写真をタップします。

❸ 写真が表示されます。

クイック設定ツールからミラーリングを開始する

左ページで解説した方法のほかに、クイック設定ツールのショートカットを利用してスクリーンミラーリングを開始することもできます。クイック設定ツールを表示し、＜スクリーンミラーリング＞をタップすることで、ミラーリングが開始されます。なお、スマートフォンの機種によりクイック設定ツールにショートカットがなかったり、表記や操作方法が異なる場合があります。

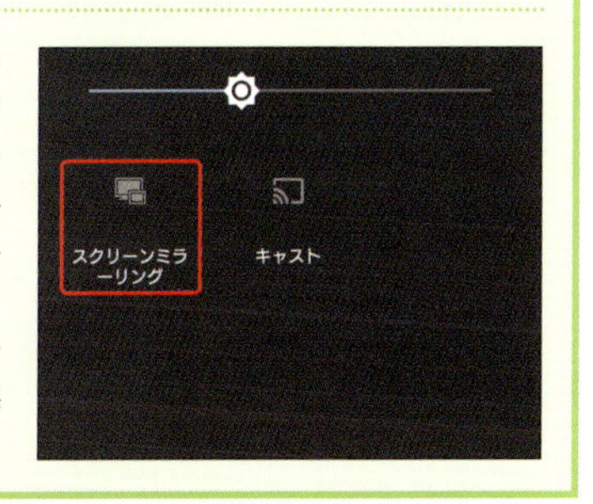

Section 74

iPhoneの画面をテレビで楽しもう

Amazon Fire TVは通常、ミラーリングに対応していませんが、有料のアプリを購入することでAndroidのキャストやiPhoneのAirPlayでミラーリングができるようになります。ここでは、iPhoneの画面をテレビに映してみましょう。

1 AirPlay対応アプリを購入する

❶ ここでは、「Air Receiver」アプリを選んで◉を押します。

❷ ＜¥○○または○○ Amazon コイン＞を選んで◉を押します。

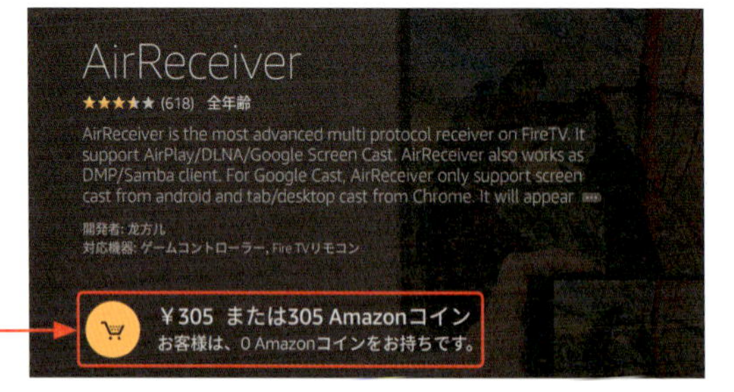

❸ ＜¥○○で購入＞を選んで◉を押します。

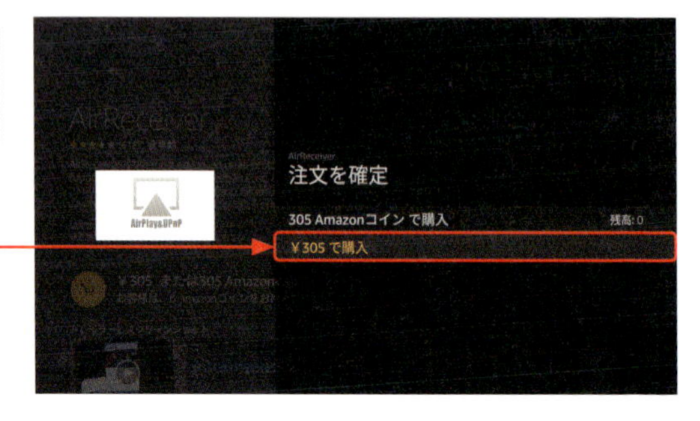

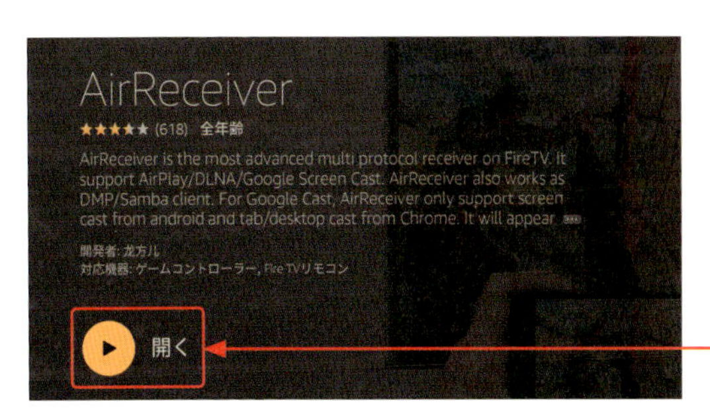

❹ ＜開く＞を選んで◉を押します。

❺ 左の画面のまま、iPhoneで画面ミラーリングを開始します（Memo参照）。

iPhoneで画面ミラーリングをする

Amazon Fire TVで手順❺の画面を表示した状態で、iPhoneのコントロールセンターを表示し、＜画面ミラーリング＞→Amazon Fire TVの端末名の順にタップすることでAirPlayが開始され、画面ミラーリングをすることができます。

第7章 Amazon Fire TVをより快適に使おう

使い慣れたテレビリモコンで操作しよう

HDMI CEC機能対応テレビは、テレビリモコンでAmazon Fire TVを操作できます。Amazon Fire TV側でも<設定>→<ディスプレイとサウンド>の順に選び、<HDMI CEC制御>を選んで◉を押し「オン」にしてください。

1 テレビで設定を行う

❶ テレビリモコンの<ホーム>を押し、
❷ <リンク操作>を選び、
❸ <操作メニュー>を選びます。
❹ <ファミリンク設定>を選びます。
❺ <選局キー>を選びます。
❻ Amazon Fire TVを接続している入力を選びます。
❼ <する>（<自動>でも動作します）を選びます。
❽ なお、テレビの機種により、表記や操作方法は異なります。
テレビ
番組表
チャンネル
設定
ツール
リンク操作
ホーム
操作メニュー
ファミリンク設定
選局キー
入力1
する
しない
自動

◆第8章◆

Amazon Fire TVの Q&A

Wi-Fiに接続できないときは？

Wi-Fiに接続できない原因は、複数考えられます。ここでは、主な対処法を紹介します。また、Wi-Fiの調子がおかしいと感じたら、接続ステータスを確認してみましょう。

1 Wi-Fiに接続できないときは

Wi-Fi に接続できない場合は、以下を試してください。

- ネットワークの状態や接続ステータスを確認する（右ページ参照）。
- Amazon Fire TV を再起動する（Sec.77 参照）。
- ルーターやモデムなどを再起動する。
- Wi-Fi の妨げになるものから、Amazon Fire TV、ルーターやモデムなどを離す（Amazon Fire TV 端末、ルーターやモデムなどを密閉型キャビネット内に設置している場合は、キャビネットから離します。また、ほかのエンターテインメント機器や電子機器も、Wi-Fi の接続に干渉することがあります）。
- Fire TV Stick の場合、付属の HDMI 延長ケーブルを使用する（P.15 参照）。
- ルーター、モデム、ネットワークの規格が、Amazon Fire TV 端末に対応しているものか確認する。

また、Wi-Fi のパスワードに関するトラブルが生じている場合は、以下を確認してください。

- Wi-Fi のパスワードを確認する（Wi-Fi のパスワードは、Wi-Fi を契約した際の書類などに記載されており、Amazon アカウントのパスワードとは異なります）。
- アルファベットの大文字と小文字の入力が正しいか確認する。
- 記号などの文字が正確に入力されているか確認する。

問題が解決しない場合は、Amazon カスタマーサービスへ問い合わせを行います。また、別売のイーサネットアダプタ（Sec.68 参照）を使用し、有線 LAN でインターネットに接続すると、安定したネットワーク接続が可能になります。

接続ステータスを確認する

ここでは、ネットワークの接続ステータスを確認する方法を紹介します。問題がある場合、その説明と推奨の解決手順が表示されます。

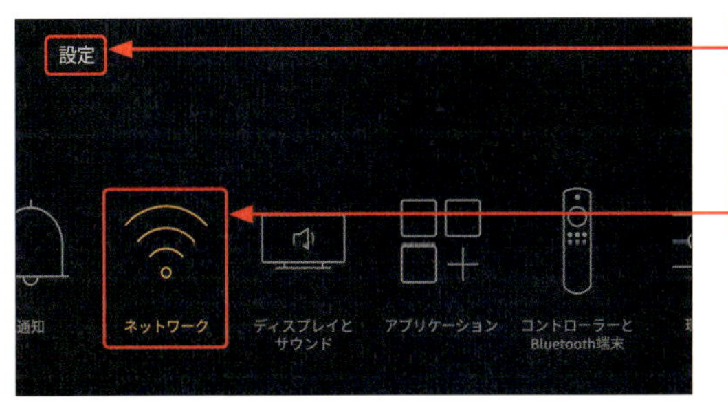

❶ <設定>を選んで、

❷ <ネットワーク>を選んで◉を押します。

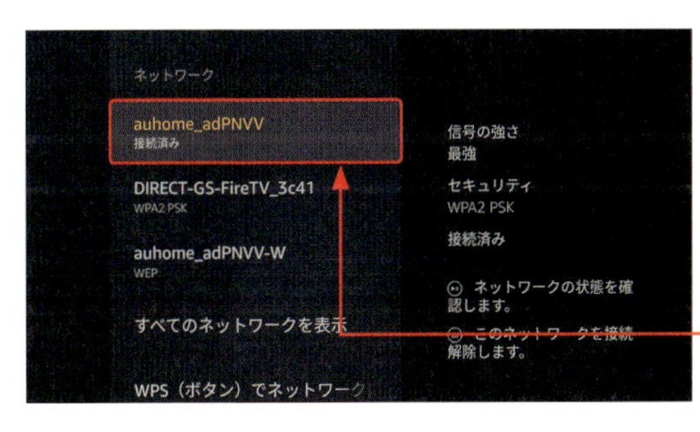

❸ Wi-Fiに接続している場合、接続しているWi-Fi名の下に「接続済み」と表示されます。

❹ ネットワークを選んで、⏯ボタンを押します。

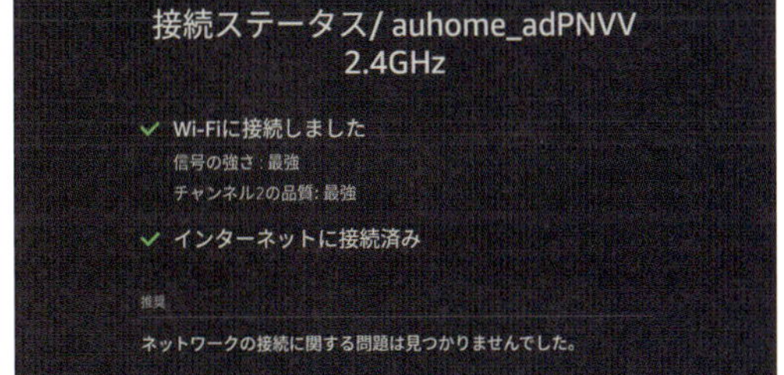

❺ 接続ステータスが表示されます。

Wi-Fiに接続するそのほかの方法

手順❸の画面で<WPS（PIN）でネットワークに接続>を選んで◉を押し、画面に表示されるWPS PINをルーターに入力することでもWi-Fiに接続することができます。または、手順❸の画面で<WPS（ボタン）でネットワークに接続>を選んで◉を押し、ルーターやモデムのWPSボタンを押しても、接続が可能です。

不具合が出たときの再起動はどうする?

何らかの不具合が出たときは、「設定」画面から再起動を行うことができます。ほかにも、電源アダプタをコンセントから抜く方法、音声認識リモコンを使用して再起動する方法があります。

1 「設定」画面からAmazon Fire TVを再起動する

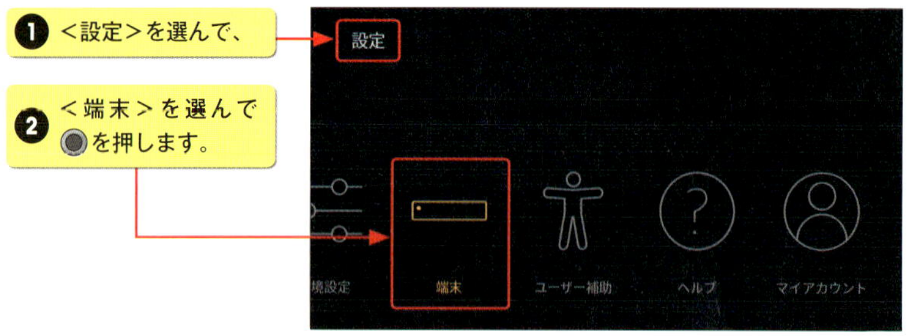

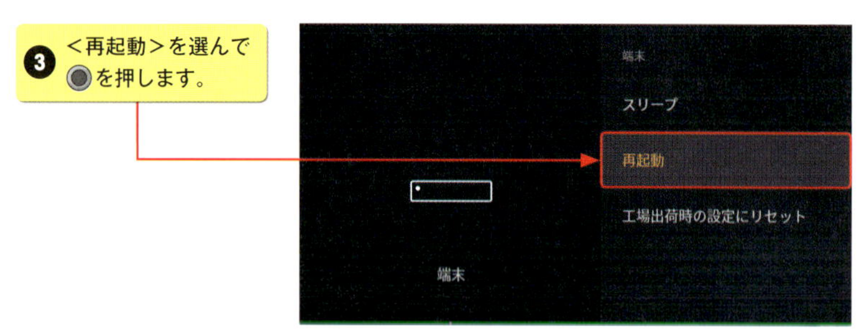

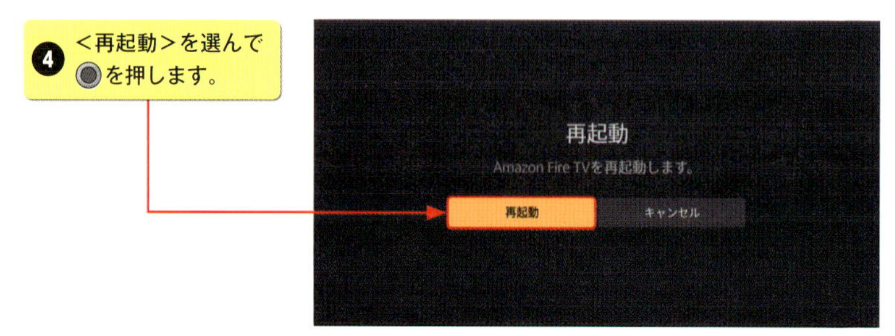

② 電源アダプタをコンセントから抜いて再起動する

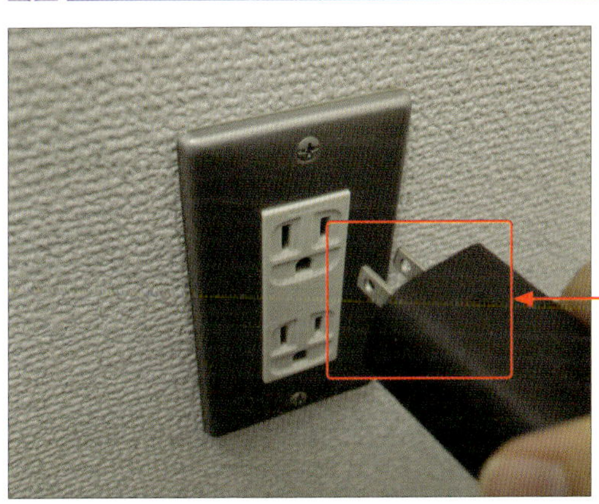

❶ Amazon Fire TVの電源アダプタをコンセントから3秒間取り外します。

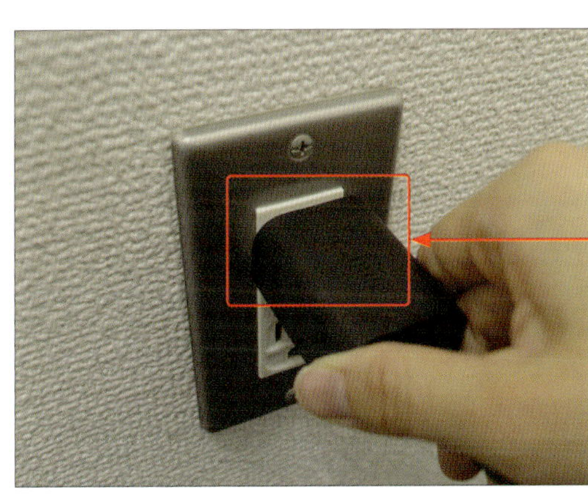

❷ 再び電源アダプタをコンセントに差し込みます。

③ リモコンのボタンを同時に押して再起動する

❶ ◯と⏯ボタンを同時に5秒間長押しします。

Fire TV の動作が重くなったら?

Amazon Fire TVの動作が重く、操作に差し支えがある場合の対処方法を紹介します。また、アプリからキャッシュを削除し、ストレージ容量を減らす方法を説明します。

1 Fire TV の動作が重くなったら?

Amazon Fire TV の動作が重くなった場合は、以下を試してください。

- Amazon Fire TV を再起動する（Sec.77 参照）。
- 不要なアプリをアンインストールする（Sec.29 参照）。
- アプリのキャッシュを消去する（右ページ参照）。
- 音声認識リモコンの状態を確認し、電池残量が少ない場合は電池を交換する（P.21 参照）。
- ネットワークの状態を確認する（Wi-Fi の不具合は Sec.76 参照）。
- Amazon Fire TV を最新バージョンにアップデートする（Sec.86 参照）。

問題が解決しない場合は、Amazon カスタマーサービスへ問い合わせを行います。

Amazon Fire TVが反応しない

Amazon Fire TVが反応しない場合、上記に加え、以下のことを試してください。

- 使用しているアダプタ、ケーブルなどを接続し直し、Amazon Fire TV に電源が供給されていることを確認する。
- 付属の電源アダプタやケーブルなどを使用する。
- Amazon Fire TV を別の HDMI ポートに差す（テレビの対応する入力に切り替える必要があります）。

なお、Amazon Fire TVの初回起動時に、ロゴ画面のまま動かないことがありますが、Amazon Fire TV の起動が完了するまで最低10分間かかることがあります。また、使用中やソフトウェアアップデートのインストール後にAmazon Fire TVがオフになる場合は、端末の過熱が原因の可能性があります。Amazon Fire TVの電源アダプタをコンセントから抜き、熱が冷めるまで放置してください。

2 アプリのキャッシュを消去する

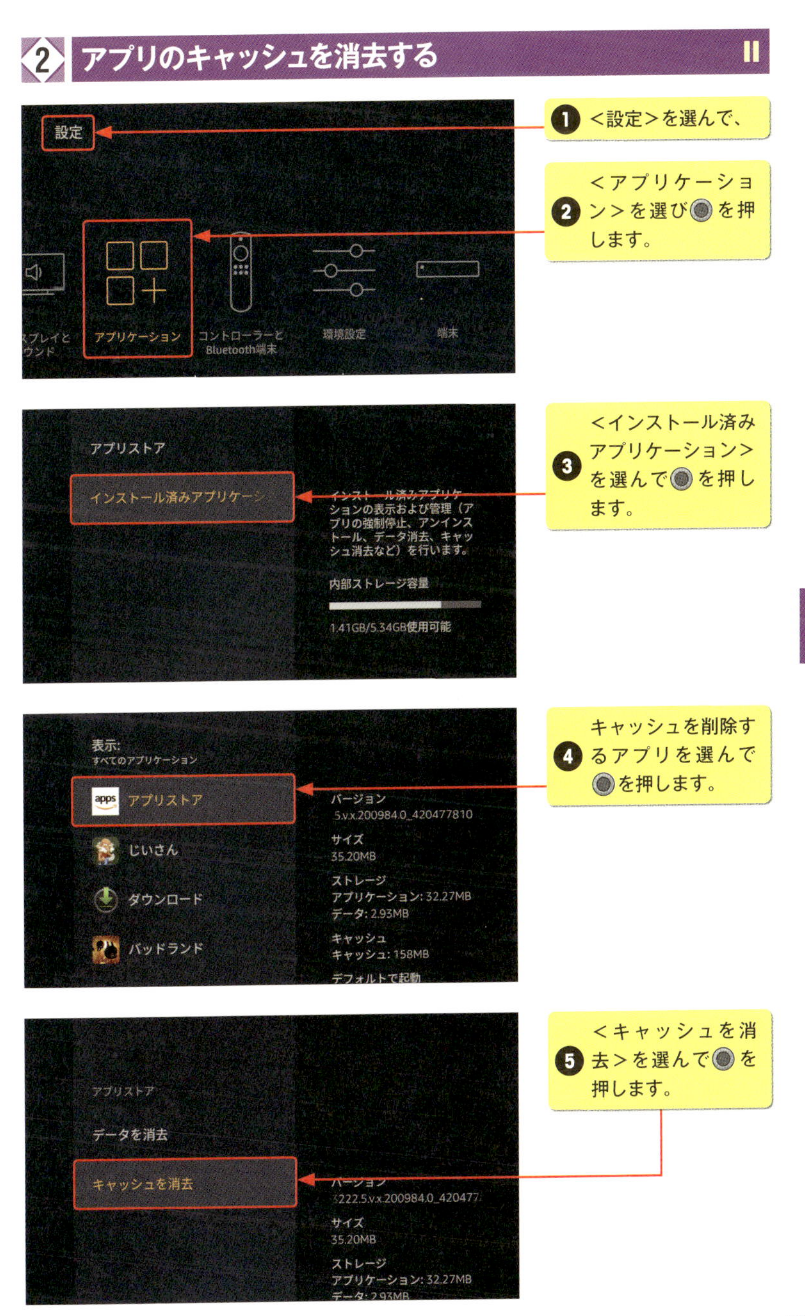

複数のFire TVに同一のAmazonアカウントを設定できる?

Amazonアカウントは、複数のAmazon Fire TV端末に設定することができるため、自宅用や外出用、自分用や家族用などの用途に応じて端末を使い分けることが可能です。

1 同一Amazonアカウントを使用する

Amazonアカウントは、複数のAmazon Fire TV端末に設定することができ、各端末で同じ会員サービスを利用することができます。購入したAmazonコンテンツは、ほかのAmazon Fire TV端末においても、スリープ中や再起動時に自動で同期されます。手動で同期する方法については、右ページで説明します。また、ビデオライブラリやウォッチリストの情報も、自動で各端末に同期されます。ただし、設定は同期されないため、各端末で設定を行います。また、ダウンロードしたアプリは、ほかのAmazon Fire TV端末のマイアプリにも表示されますが、端末ごとにダウンロードをする必要があります。

なお、1つのAmazon Fire TVに、複数のAmazonアカウントを登録することはできません。Amazonアカウントの登録を解除する方法については、Sec.87を参照してください。

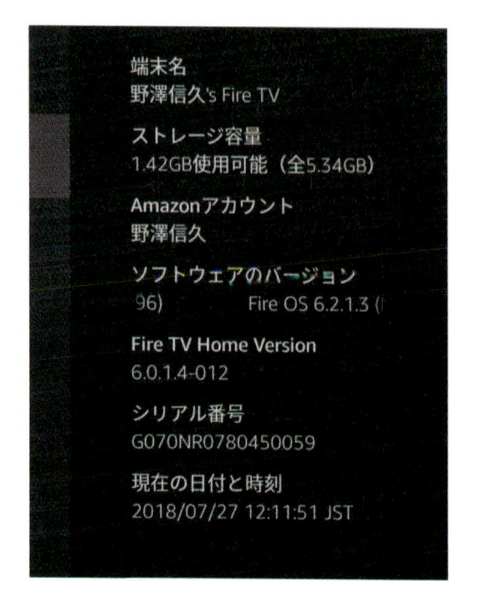

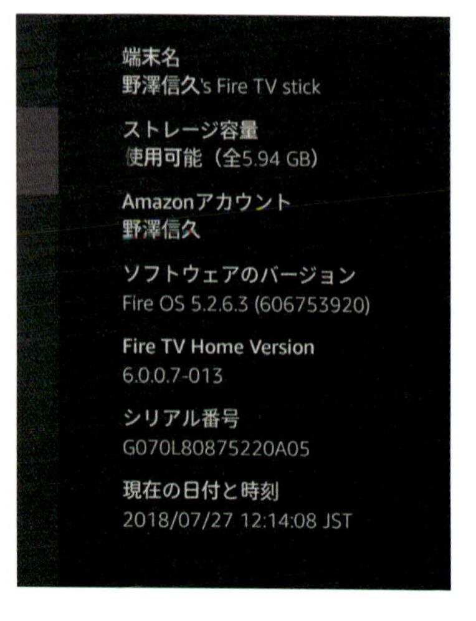

2 購入したAmazonコンテンツを手動で同期する

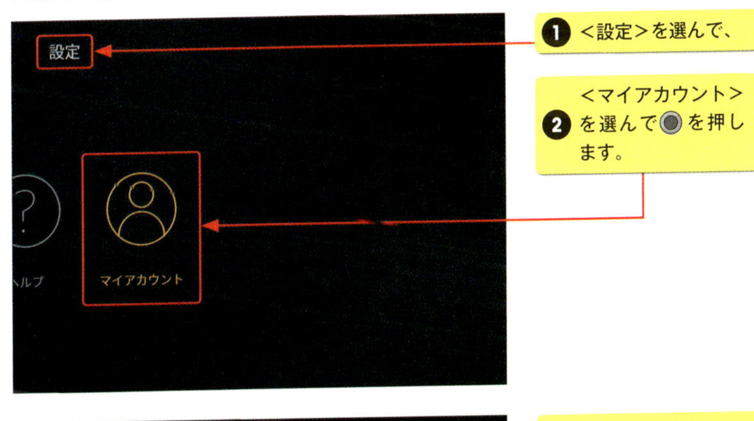

❶ ＜設定＞を選んで、

❷ ＜マイアカウント＞を選んで◉を押します。

❸ ＜Amazonコンテンツを同期＞を選んで◉を押します。

❹ 同期が実行されます。

同時再生について

同じAmazonアカウントを使用している場合、Amazonビデオで購入・レンタルした動画やプライムビデオの動画を、3本まで同時にストリーミング再生することができます。ただし、同じビデオを一度に複数の端末でストリーミング再生することはできません。なお、Amazon Fire TVだけでなく、ほかのAmazonビデオやプライムビデオ対象のデバイスもストリーミング再生に同様の制限が設けられています。

Section 80

子どもがいる家庭で利用するには？

Amazon Fire TVを家族で利用する場合には、AmazonビデオのPINコードを設定し、機能制限をオンにしておくと安心です。ただし、アプリ内の成人向けコンテンツの設定は、各アプリで行う必要がある場合があります。

1 機能制限をオンにする

機能制限をオンにすると、レーティング（映倫規定）を基準に視聴制限を設けたり、アプリの起動時にPINコードを入力するように設定することができます。

❶ ＜設定＞を選んで、

❷ ＜環境設定＞を選んで◎を押します。

設定

ローラーと
tooth端末

環境設定

端末

ユーザー補助

ヘルプ

❸ ＜機能制限＞を選んで◎を押します。

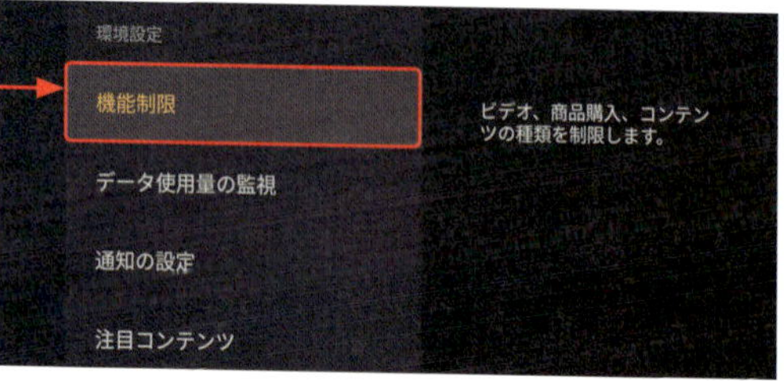

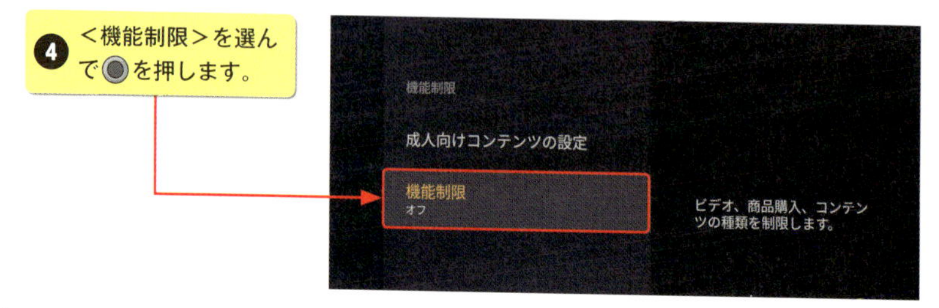

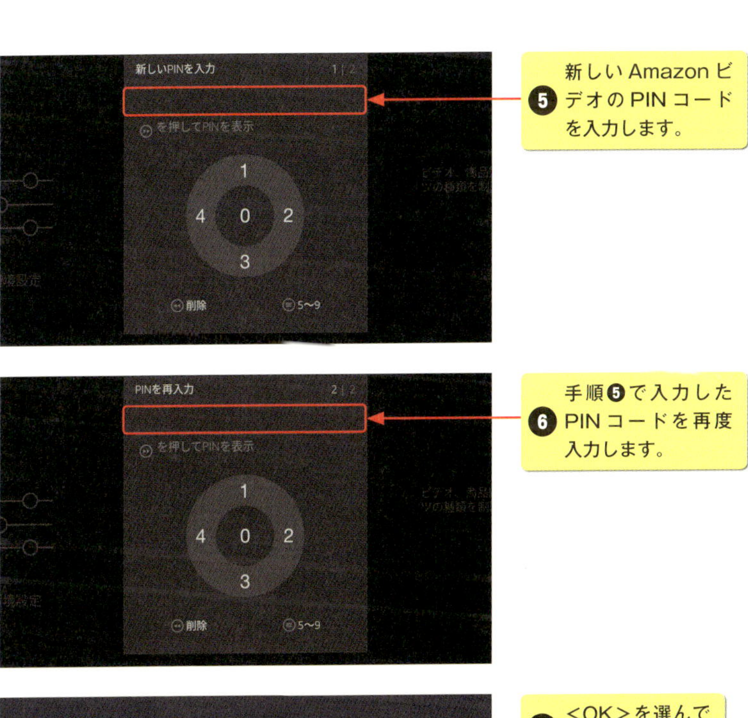

❺ 新しいAmazonビデオのPINコードを入力します。

❻ 手順❺で入力したPINコードを再度入力します。

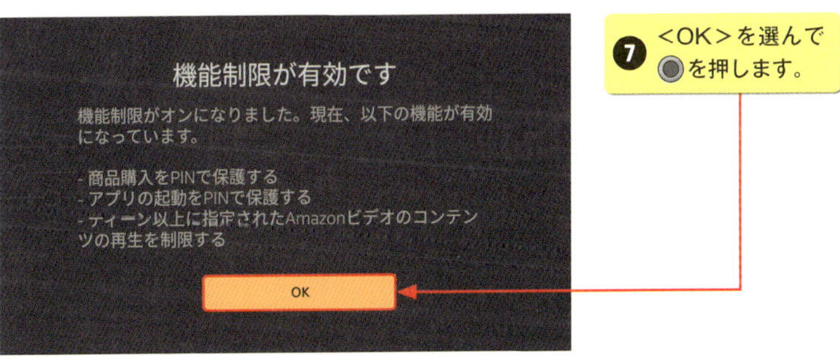

❼ <OK>を選んで◉を押します。

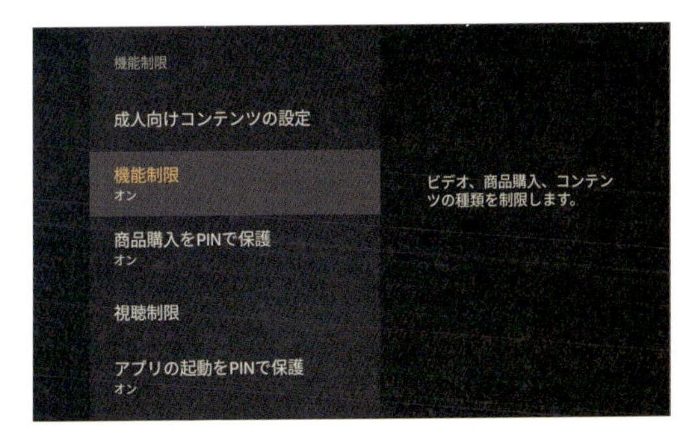

❽ 任意で機能制限の設定をカスタマイズすることができます（P.206参照）。

2 機能制限の設定をカスタマイズする

P.204～205を参考に機能制限をオンにしたら、詳細な設定を行いましょう。ここでは、商品購入時、Amazonビデオやプライムビデオの視聴時、アプリの起動時にPINコードを設定する方法を紹介します。

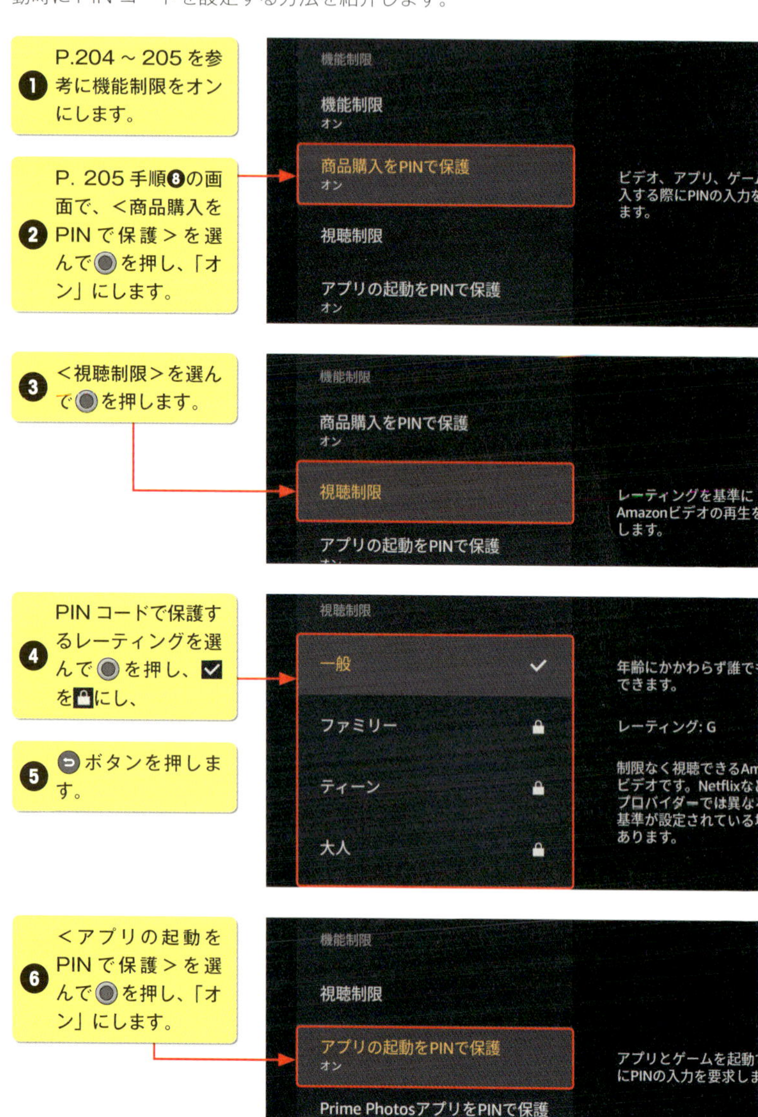

1 P.204～205を参考に機能制限をオンにします。
2 P. 205手順8の画面で、<商品購入をPINで保護>を選んでを押し、「オン」にします。
3 <視聴制限>を選んでを押します。
4 PINコードで保護するレーティングを選んでを押し、をにし、
5 ボタンを押します。
6 <アプリの起動をPINで保護>を選んでを押し、「オン」にします。
機能制限
機能制限
オン
商品購入をPINで保護
オン
視聴制限
アプリの起動をPINで保護
オン
ビデオ、アプリ、ゲー
入する際にPINの入力を
ます。
機能制限
商品購入をPINで保護
オン
視聴制限
アプリの起動をPINで保護
レーティングを基準に
Amazonビデオの再生を
します。
視聴制限
一般
ファミリー
ティーン
大人
年齢にかかわらず誰で
できます。
レーティング: G
制限なく視聴できるAm
ビデオです。Netflixな
プロバイダーでは異な
基準が設定されている
あります。
機能制限
視聴制限
アプリの起動をPINで保護
オン
Prime PhotosアプリをPINで保護
アプリとゲームを起動
にPINの入力を要求しま

3 成人向けコンテンツを制限する

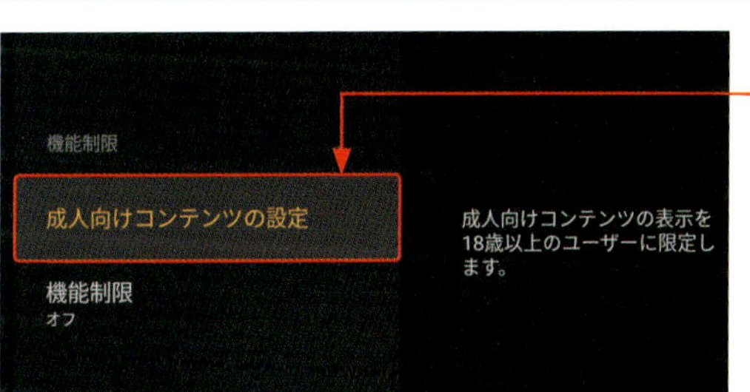

❶ P.204手順❹の画面で<成人向けコンテンツの設定>を選んで◉を押します。

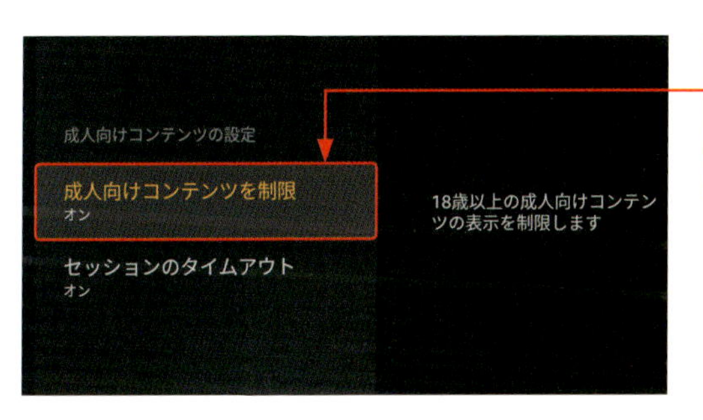

❷ <成人向けコンテンツを制限>を選んで◉を押し、「オン」にします。

行動ターゲティング広告をオフにする

Amazon Fire TVは、ユーザーの行動履歴をもとに、ユーザーが興味を持ちそうな広告を配信する「行動ターゲティング広告」が初期状態でオンになっています。この設定をオフにするには、P.204手順❸の画面で<広告ID>→<行動ターゲティング広告>の順に選んで◉を押し、「オフ」にします。

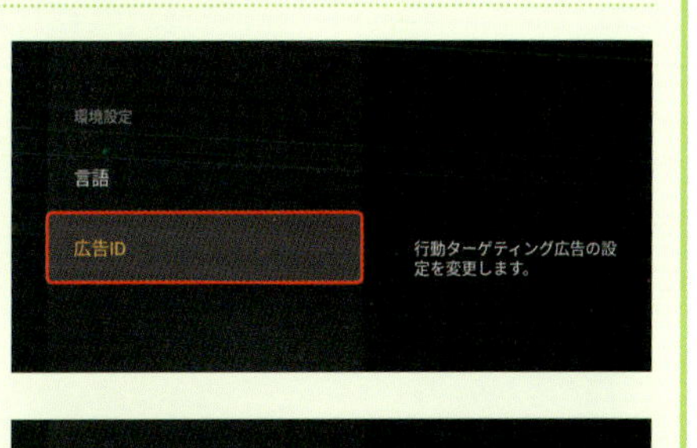

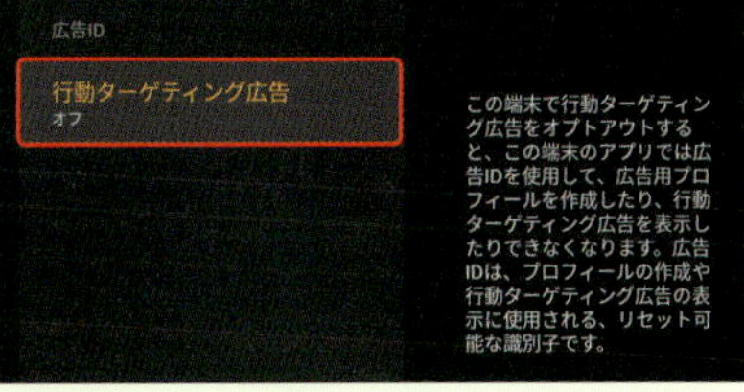

Section 81

アプリ内課金をオフに設定するには？

アプリ内で誤って商品を購入しないように、アプリ内課金をオフに設定しておきましょう。アプリ内課金をオフに設定しておくと、アプリで商品を購入する際、AmazonビデオのPINコード（P.205参照）を入力する画面が表示されます。

1 アプリ内課金をオフにする

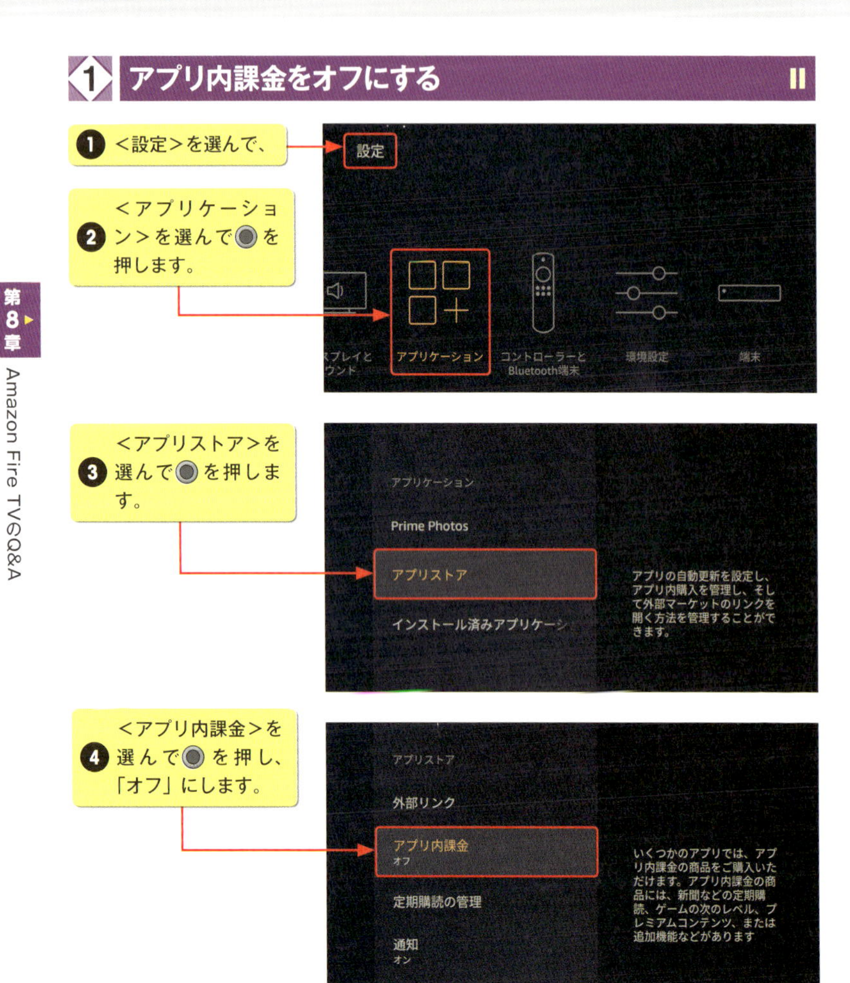

2 アプリ内課金をオフに設定したときの動作

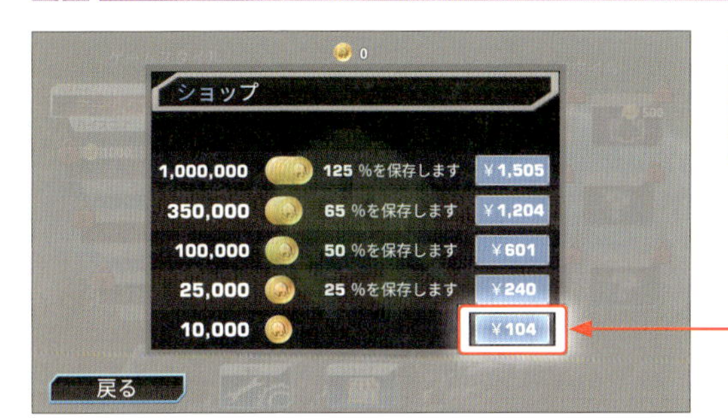

❶ 任意のアプリで、商品を選んで◎を押します。

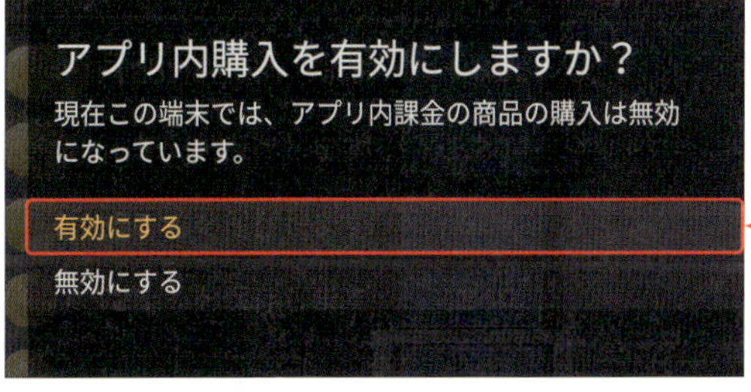

❷ ＜有効にする＞を選んで◎を押します。

❸ Amazon ビデオの PIN コード（P.205 参照）を入力します。

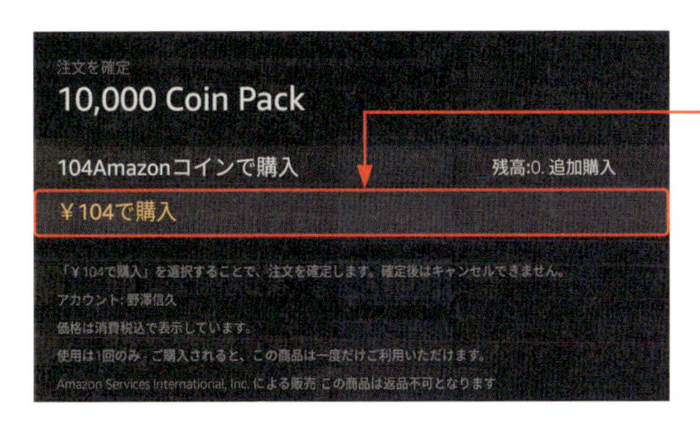

❹ ＜¥○○で購入＞を選んで◎を押すと、購入が確定されます。

PINコードを忘れてしまったら?

AmazonビデオのPINコード（P.205）を忘れてしまった場合、Amazonの公式サイトで再設定する必要があります。なお、PINコードを覚えていれば、Amazon Fire TV上で新しいPINコードに変更することができます。

1 PINコードをリセットする

2 新しいPINコードに変更する

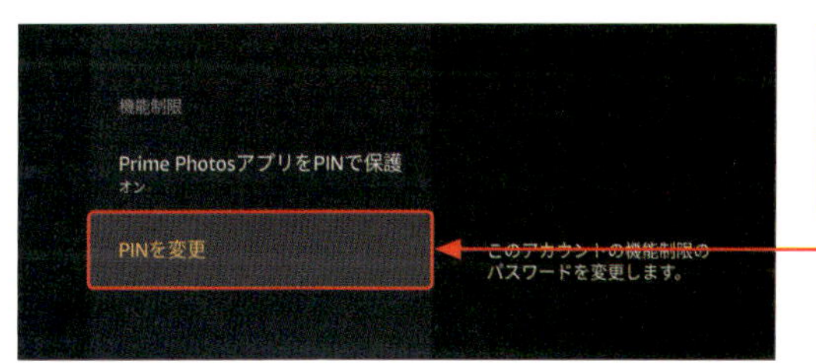

❶ P.205 手順❽の画面で<PIN を変更>を選んで◎を押します。

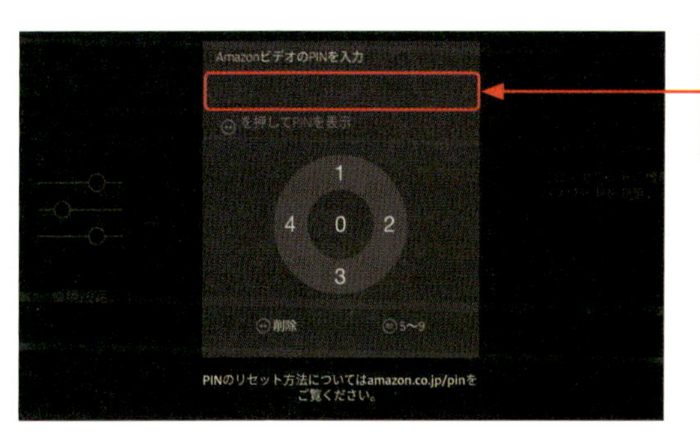

❷ 現在の PIN コード（P.205 参照）を入力します。

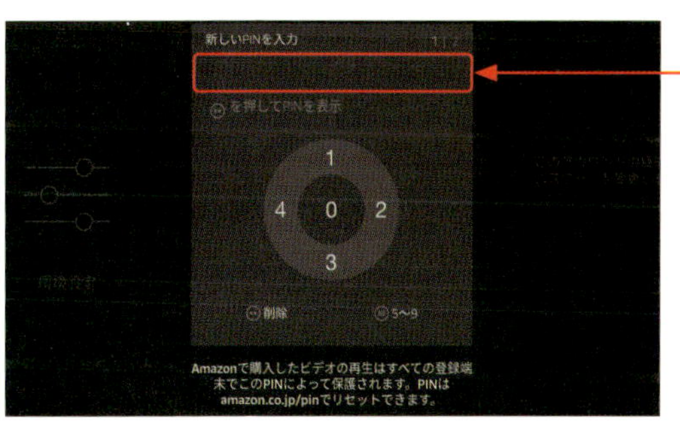

❸ 新しく設定する PIN コードを入力します。

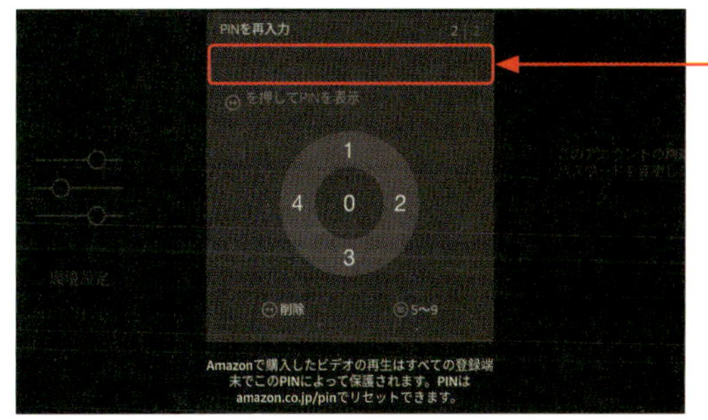

❹ 手順❸で入力した PIN コードを再度入力します。

音声検索でトラブルが発生したら?

音声検索のトラブルは、音声認識リモコン、Amazon Fire TV本体、ネットワークのほか、周囲の環境に問題がある可能性があります。ここでは、対処法をいくつか紹介します。

1 音声検索がうまくいかないときは

音声検索において問題が生じる場合は、以下を試してください。

- Sec.15 を参考に、再度音声検索を行う。
- 音声認識リモコンのペアリングを解除し、再度ペアリングする。
- 音声認識リモコンをリセットし、再度ペアリングする（右ページ参照）。
- Amazon Fire TV を再起動する（Sec.77 参照）。
- 音声認識リモコンの状態を確認し、電池残量が少ない場合は電池を交換する（P.21 参照）。
- 音声認識リモコンの電池を一度取り出し、入れ直す。

問題が解決しない場合は、Amazon カスタマーサービスへ問い合わせを行います。なお、スマートフォンの「Amazon Fire TV リモコンアプリ」（iPhone の場合は「Amazon Fire TV Remote」アプリ）（Sec.12 参照）でも音声検索を行うことができます。

Memo 録音された音声データを削除する

音声認識の精度を向上させるため、音声認識リモコンに話しかけた音声はAmazonアカウントに録音されます。音声を削除することはできますが、音声認識の質が落ちる可能性があります。音声の削除をリクエストするには、WebブラウザでAmazon公式サイトの「コンテンツと端末の管理」（https://www.amazon.co.jp/hz/mycd/myx#/home/content/booksAll/dateDsc/）を表示し、<端末>→Amazon Fire TV→<音声録音を管理>→<削除>の順にクリックします。

2 音声認識リモコンをリセットする

❶ 音声認識リモコンのかわりに、スマートフォンの「Amazon Fire TV リモコンアプリ」（iPhone の場合は「Amazon Fire TV Remote」アプリ）、またはワイヤレスキーボード（Sec.67 参照）、テレビリモコン（Sec.75 参照）を操作可能な状態にしておきます。

❷ 音声認識リモコンの＜ナビゲーション＞の左、⊃ボタン、≡ボタンの 3 か所を同時に 10 秒間押し、音声認識リモコンをリセットします。

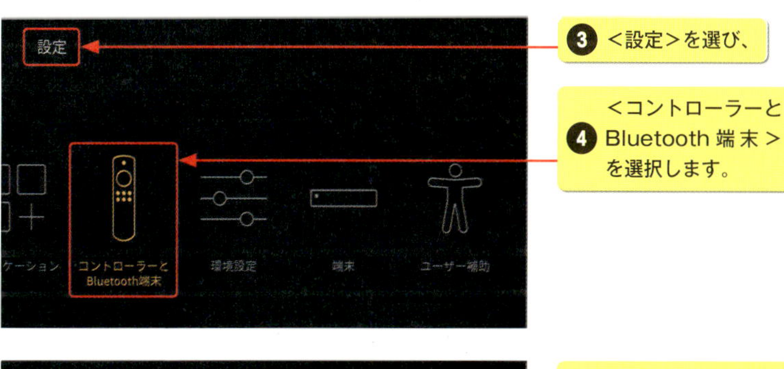

❸ ＜設定＞を選び、

❹ ＜コントローラーと Bluetooth 端末＞を選択します。

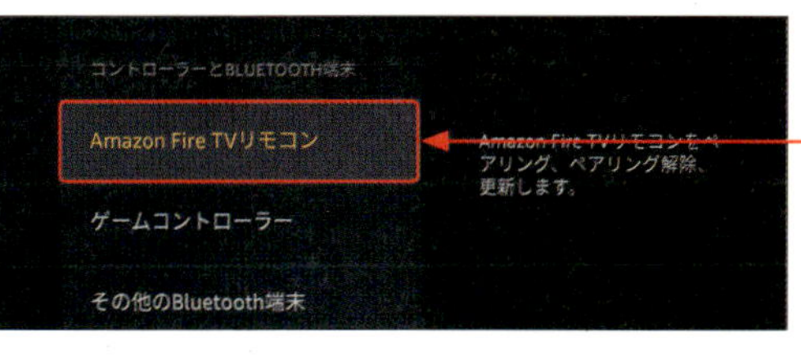

❺ ＜Amazon Fire TV リモコン＞を選択します。

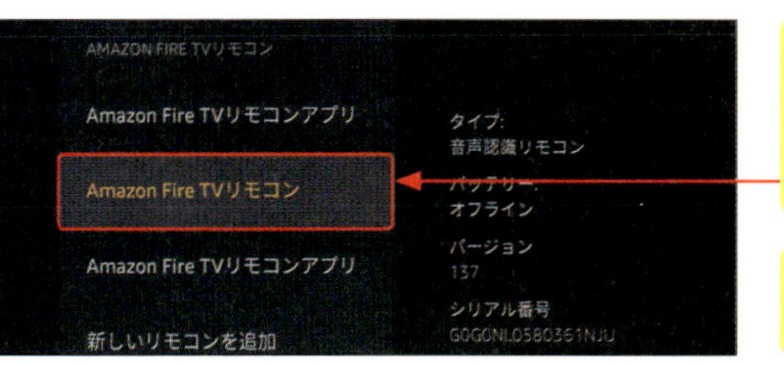

❻ ＜Amazon Fire TV リモコン＞を選び、≡ボタンに相当するボタンを押し、

❼ ◉に相当するボタンを押します。

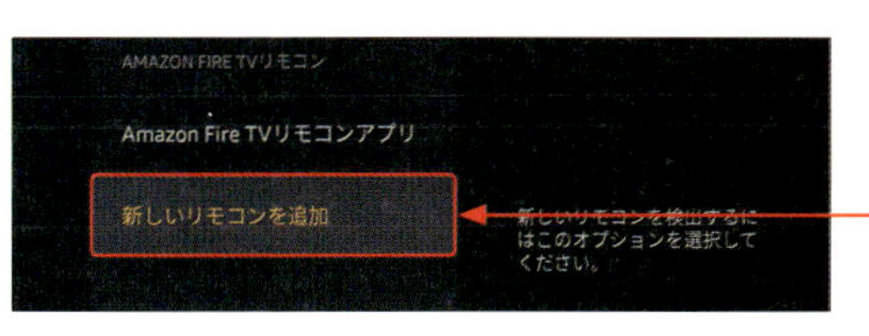

❽ ＜新しいリモコンを追加＞を選択し、音声認識リモコンを再度ペアリングします。

データ通信量を節約するには?

通信量に制限が設けられたWi-Fiを利用している人は、「データ使用量の監視」をオンにし、アプリごとの通信量を把握しておきましょう。また、ビデオ画質を低く設定することで、通信量を抑えることができます。

1 ビデオ画質を「標準」に設定する

❶ <設定>を選んで、

❷ <環境設定>を選んで◉を押します。

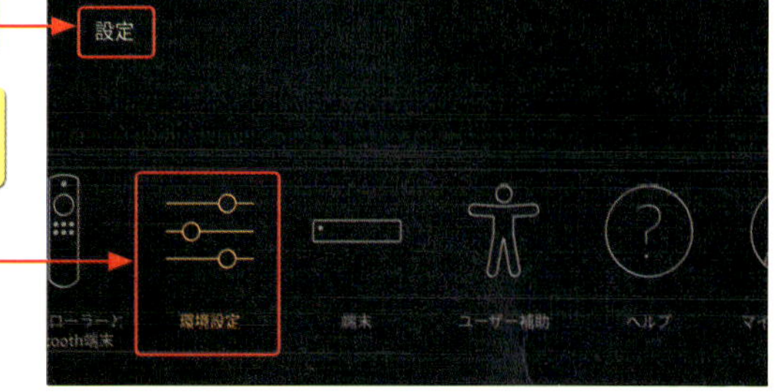

❸ <データ使用量の監視>を選んで◉を押します。

❹ <データ使用量の監視>を選んで◉を押し、「オン」にします。

❺ 右ページ手順❼の画面の「今月最もデータを使用したアプリ」でアプリごとのデータ使用量を見られるようになります。

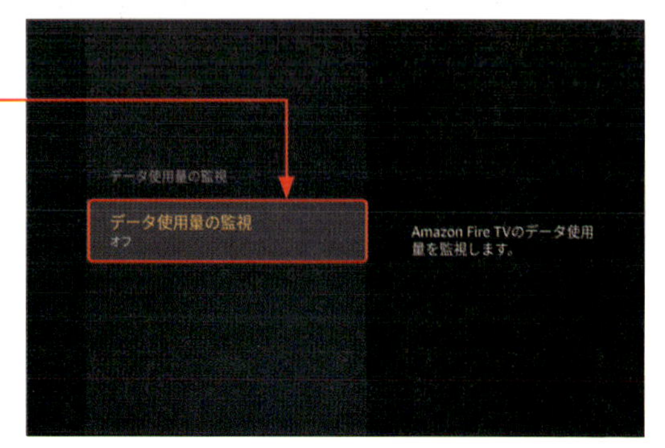

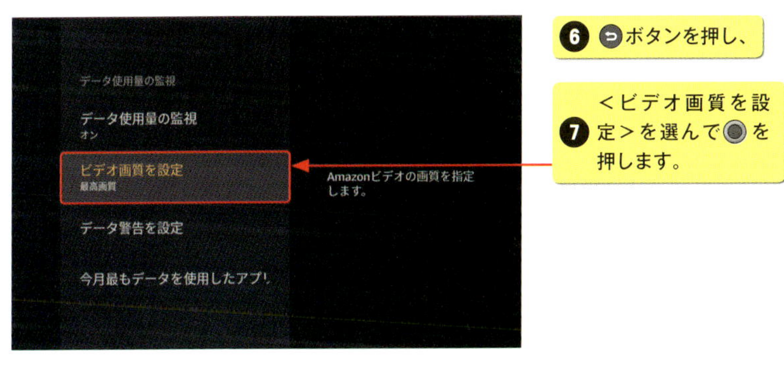

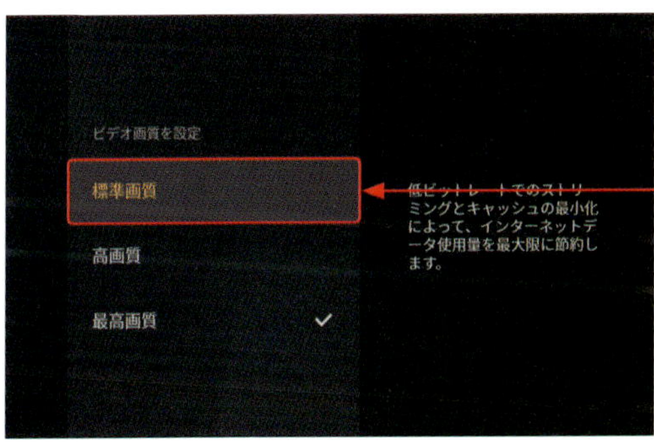

❽ <標準画質>を選んでを押します。

設定したデータ使用量に到達したら警告を表示する

手順❼の画面で<データ警告を設定>を選んでを押すと、Amazon Fire TVのデータ使用量が指定された上限の90%および100%に達した場合に、画面上に警告を表示するように設定することができます。ただし、この警告は通知としての機能のみであるため、自動的にデータ使用を止めることはありません。<データ警告を設定>を選んでを押したあと、データ使用量の上限を入力してボタンを押し、インターネット月額料金の請求サイクル開始日を入力し、<次へ>→<確定>の順に選んでを押すことで、設定が完了します。

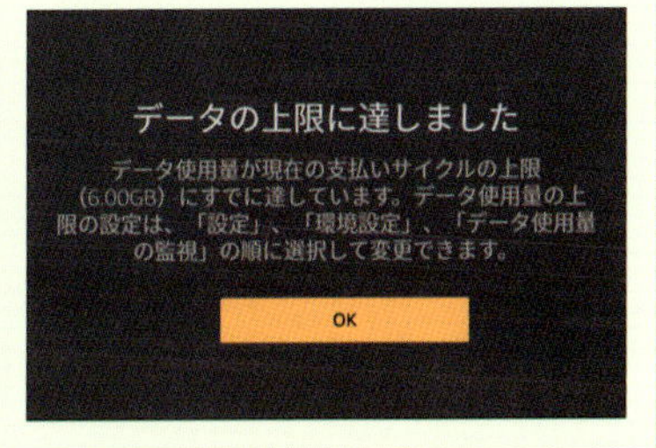

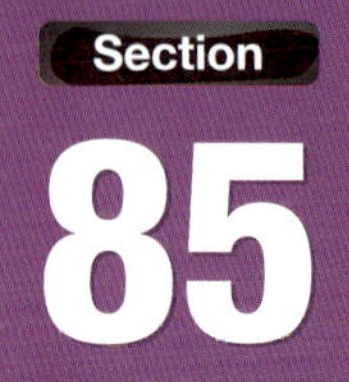

Fire TVからスマホへ視聴環境を切り替えるには?

Amazonビデオの場合、Amazon Fire TVで観ている動画は、スマートフォンの「プライム・ビデオ」アプリ（Sec.20参照）で続きから再生することができます。なお、外出先で再生する際は、データ通信量に注意してください。

1 スマートフォンで動画の続きを再生する

❶ Sec.20を参考に、スマートフォンに「プライム・ビデオ」アプリをインストールして開き、Amazon Fire TVと同じAmazonアカウントでログインします。

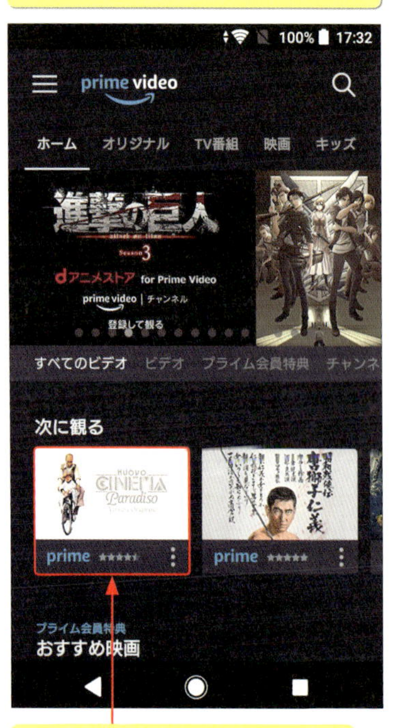

❷ 続きを観る動画をタップします。

❸ ＜続きを観る＞をタップします。

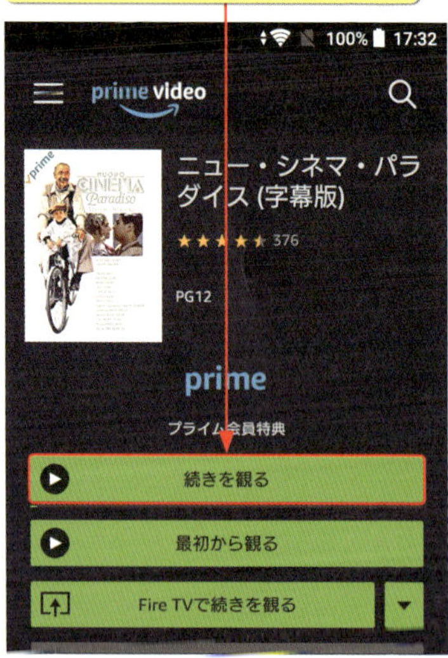

❹ 動画が続きから再生されます。

Amazon Fire TVで動画の続きを再生する

Amazon アカウントのデータは、同一の Amazon アカウントを登録している端末上で同期されます。したがって、スマートフォンで途中まで観た動画を、Amazon Fire TV で続きから再生することも可能です。 Amazon アカウントのデータは、Amazon Fire TV のスリープ中や再起動時に、自動で同期されます。手動で同期する方法については、P.203 を参照してください。

❶ 続きから観る動画を選んで◉を押します。

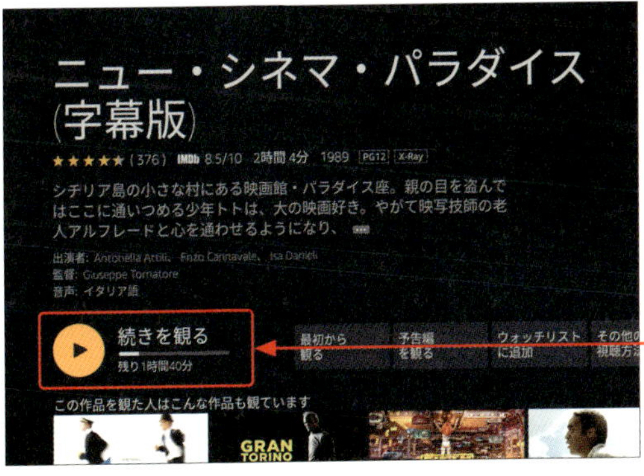

❷ ＜続きを観る＞を選んで◉を押します。

Memo 困ったときは

Amazon Fire TVの使い方がわからない場合やトラブルが生じた場合は、「設定」画面で＜ヘルプ＞を選んで◉を押します。＜ヘルプビデオ＞を選んで◉を押すと、動画でAmazon Fire TVの使い方を観ることができます。また、＜カスタマーサービスに連絡＞→問い合わせの内容→電話番号の順に選んで◉を押すと、Amazonカスタマーサービスから電話がかかってきて、問い合わせを行うことができます。

Fire TVを最新の状態にするには?

Amazon Fire TVは、自動でソフトウェアのバージョンをアップデートします。ここでは、アップデートに関するトラブルへの対処法や、アップデートの有無をチェックし、手動でアップデートする方法を紹介します。

1 アップデートで問題が生じたら

Amazon Fire TVは、端末を再起動した際やスリープ中に自動でソフトウェアのアップデートをチェックし、バージョンのアップデートがあった場合は自動でアップデートします。アップデート中に問題が生じた場合は、以下を試してください。問題が生じた場合は、基本的にはAmazon Fire TVを再起動するか、電源アダプタをコンセントから抜き(もしくは、USB電源ケーブルをAmazon Fire TVから抜き)、3秒後に再び差し込みます。

① Amazon Fire TVがアップデート画面でフリーズしてしまう

・Amazon Fire TVを再起動する(Sec.77参照)。

②アップデートが失敗したというメッセージが表示される

・Amazon Fire TVがインターネットに接続されていることを確認する(P.197参照)。

・Amazon Fire TVを再起動する(Sec.77参照)。

③ Amazon Fire TVの 自動アップデートが実行されない

・Amazon Fire TVがインターネットに接続されていることを確認する(P.197参照)。

・Amazon Fire TVを再起動する(Sec.77参照)。

・手動でアップデートを行う(右ページ参照)。

問題が解決しない場合は、Amazonカスタマーサービスへ問い合わせを行います。

最新のソフトウェアバージョンを確認する

Amazon Fire TVの最新のソフトウェアバージョンは、Amazon公式サイトの「Fire TVのソフトウェアアップデート」(https://www.amazon.co.jp/gp/help/customer/display.html/ref=as_li_ss_tl?nodeld=201497590)で確認することができます。

2 手動でアップデートをする

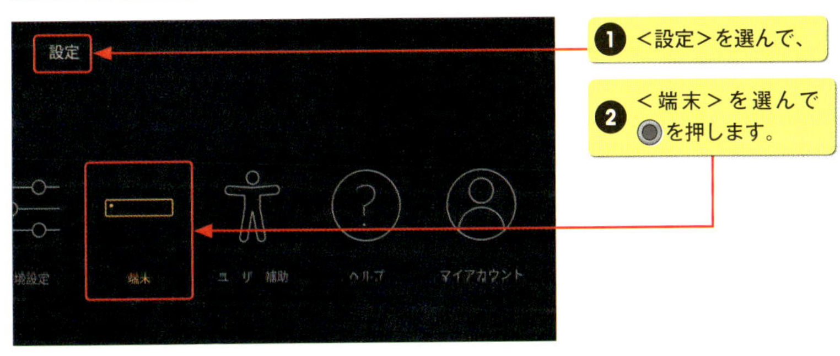

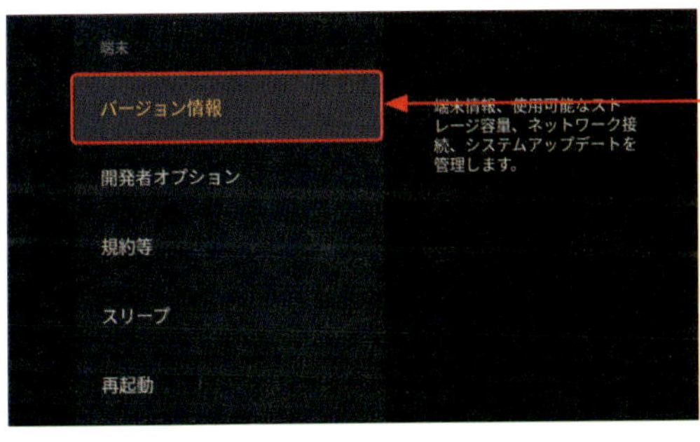

❸ ＜バージョン情報＞を選んで◉を押します。

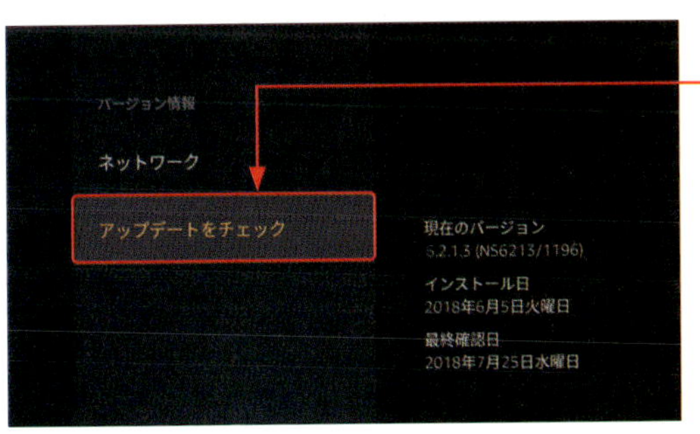

❹ ＜アップデートをチェック＞を選んで◉を押します。

❺ 手順❹の画面のままである場合、バージョンは最新の状態です。

アップデートがある場合

手順❹のあと、アップデートがある場合には、自動でダウンロードがはじまります。ダウンロード完了後、＜アップデートをインストールする＞を選択して◉を押すと、インストールが開始されます。インストールをしなかった場合、次に端末を再起動した際や、端末が30分以上使用されない際に、自動でインストールを行います。

Amazonアカウントの登録を解除するには?

Amazonアカウントの登録を解除するには、「設定」画面から操作を行います。Amazonアカウントの登録を解除すると、一部のデータが削除され、動画の視聴・閲覧、商品の購入、動画の設定が行えなくなります。

1 Amazonアカウントの登録を解除する

❶ <設定>を選んで、

❷ <マイアカウント>を選んで◎を押します。

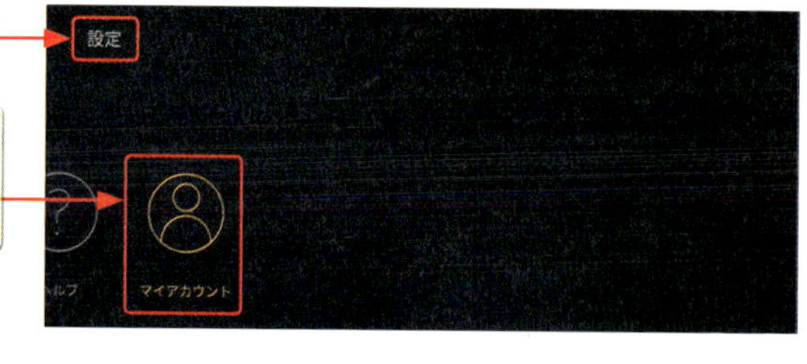

❸ <Amazonアカウント>を選んで◎を押します。

❹ <登録を解除>を選んで◎を押します。

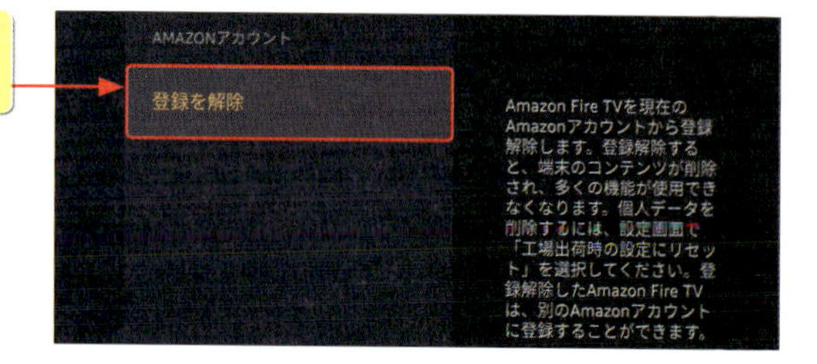

❺ <登録を解除>を選んで◎を押します。

❻ アカウント登録画面が表示されます。

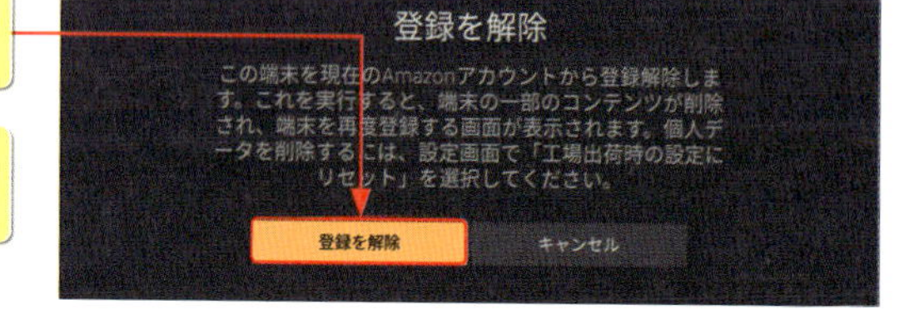